工伤预防科普丛书

农民工工伤预防知识

"工伤预防科普丛书"编委会 编

中国劳动社会保障出版社

图书在版编目（CIP）数据

农民工工伤预防知识/"工伤预防科普丛书"编委会编．——北京：中国劳动社会保障出版社，2021
（工伤预防科普丛书）
ISBN 978-7-5167-4916-6

Ⅰ.①农… Ⅱ.①工… Ⅲ.①工伤事故－事故预防－基本知识 Ⅳ.①X928.03

中国版本图书馆 CIP 数据核字（2021）第 126130 号

中国劳动社会保障出版社出版发行
（北京市惠新东街1号　邮政编码：100029）

＊

三河市华骏印务包装有限公司印刷装订　新华书店经销
880 毫米 × 1230 毫米　32 开本　5.875 印张　119 千字
2021 年 8 月第 1 版　2021 年 8 月第 1 次印刷
定价：25.00 元

读者服务部电话：（010）64929211/84209101/64921644
营销中心电话：（010）64962347
出版社网址：http://www.class.com.cn

版权专有　侵权必究

如有印装差错，请与本社联系调换：（010）81211666
我社将与版权执法机关配合，大力打击盗印、销售和使用盗版图书活动，敬请广大读者协助举报，经查实将给予举报者奖励。
举报电话：（010）64954652

"工伤预防科普丛书"编委会

主　　任： 陈　刚
副 主 任： 黄卫来　佟瑞鹏
委　　员： 孙树菡　赵玉军　张　军　李　辉　刘辉霞
　　　　　　 王　梅　郑本巧　任建国　周永安　安　宇
　　　　　　 尘兴邦　杨校毅　杨雪松　范冰倩　孙宁昊
　　　　　　 姚健庭　宫世吉　王思夏　刘兰亭
本书主编： 尘兴邦　杨雪松

内容简介

农民工是我国工业企业职业群体的重要组成部分,是我国工业化、城镇化建设中的一支新型劳动大军,分布在全国各行各业和各工作岗位。由于农民工数量庞大,且涉及众多行业领域尤其是高危行业,因此属于工伤事故伤害与职业病多发的职业群体之一。国家高度重视农民工劳动保护和工伤预防,依法保障农民工遭受工伤事故伤害或者患职业病获得医疗救治和经济补偿,建立工伤保险制度,强制要求各类用人单位特别是有农民工的用人单位参加。

本书是"工伤预防科普丛书"之一,以问答的形式列举了农民工在劳动生产过程中应该了解的工伤事故伤害预防和职业病防治科学技术基本知识以及相关的法律规定,主要内容包括:工伤保险与工伤预防基础知识、工伤预防权利和义务、劳动安全健康、安全教育培训、工伤事故预防、职业健康防护和常见工伤事故的应急处置与现场急救知识等。

本书所选题目典型性、通用性强,文字编写浅显易懂,版式设计新颖活泼,原创漫画配图直观生动,可作为工伤预防主管部门及用人单位开展工伤预防宣传和培训用书,也可作为提升广大农民工工伤预防意识和安全生产素质的普及性学习读物。

前　言

工伤预防是工伤保险制度体系的重要组成部分。做好工伤预防工作，开展工伤预防宣传和培训，有利于增强用人单位和职工的守法维权意识，从源头减少工伤事故和职业病的发生，保障职工生命安全和身体健康，减少经济损失，促进社会和谐稳定发展。

党和政府历来高度重视工伤预防工作。2009年以来，全国共开展了三次工伤预防试点工作，为推动工伤预防工作奠定了坚实基础。2017年，人力资源社会保障部等四部门印发《工伤预防费使用管理暂行办法》，对工伤预防费的使用和管理作出了具体的规定，使工伤预防工作进入了全面推进时期。2020年，人力资源社会保障部等八部门联合印发《工伤预防五年行动计划（2021—2025年）》（以下简称《五年行动计划》）。《五年行动计划》要求以习近平新时代中国特色社会主义思想为指导，全面贯彻党的十九大和十九届二中、三中、四中、五中全会精神，坚持以人民为中心的发展思想，完善"预防、康复、补偿"三位一体制度体系，把工伤预防作为工伤保险优先事项，通过推进工伤预防工作，提升工伤预防意识，改善工作场所的劳动条件，防范重特大事故的发生，切实降低工伤发生率，促进经济社会持续健康发展。《五年行动计划》同时明确了九项工作任务，其中包括全面加强工伤预防宣传和深入推进工伤预防培训等内容。

结合目前工伤保险发展现状，立足全面加强工伤预防宣传和深入推进工伤预防培训，我们组织编写了"工伤预防科普丛书"。本套丛书目前包括《〈工伤保险条例〉理解与适用》《〈工伤预防五年行动计划（2021—2025年）〉解读》《农民工工伤预防知识》《工伤预防基础知识》《工伤预防职业病防治知识》《工伤预防个体防护知识》《工伤预防应急救护知识》《建筑施工工伤预防知识》《矿山工伤预防知识》《化工危险化学品工伤预防知识》《机械加工工伤预防知识》《尘毒高危企业工伤预防知识》《交通与运输工伤预防知识》《冶金工伤预防知识》《火灾爆炸工伤事故预防知识》《有限空间作业工伤预防知识》《物流快递人员工伤预防知识》《网约工工伤预防知识》《公务员和事业单位工伤预防知识》《工伤事故典型案例》等分册。本套丛书图文并茂、生动活泼，力求以简洁、通俗易懂的文字普及工伤预防最新政策和科学技术知识，不断提升各行业职工群众的工伤预防意识和自我保护意识。

本套丛书在编写过程中，参阅并部分应用了相关资料与著作，在此对有关著作者和专家表示感谢。由于种种原因，图书可能会存在不当或错误之处，敬请广大读者不吝赐教，以便及时纠正。

"工伤预防科普丛书"编委会
2021年3月

目 录

第1章 工伤保险与工伤预防基础知识 /1

1. 什么是工伤保险？/1
2. 工伤保险制度的适用范围是什么？/3
3. 工伤保险行业差别费率共分为几个类别？/4
4. 农民工工伤保险费由谁缴纳？/5
5. 申请工伤有时间限制吗？/6
6. 没有办理工伤保险的情况下发生工伤怎么办？/6
7. 申请工伤认定的主要流程有哪些？/7
8. 什么情形可以认定为工伤、视同工伤和不能认定为工伤？/9
9. 农民工工伤保险待遇主要包括哪些？/11
10. 什么是劳动能力鉴定？/12
11. 具备什么条件可以进行劳动能力鉴定？/12
12. 申请劳动能力鉴定的主要流程有哪些？/13
13. 为什么要做好工伤预防？/14
14. 为什么要安全生产？/15
15. 工作中遇到事故伤害应该怎么办？/17
16. 做好工伤预防，要注意杜绝哪些不安全行为？/18

17. 做好工伤预防，要注意避免出现哪些不安全心理？/21

18. 在承包经营情况下怎样保护职工的工伤保险权利？/23

第2章 工伤预防权利和义务 /25

19. 职工工伤保险和工伤预防的权利主要体现在哪些方面？/25

20. 什么是安全生产的知情权和建议权？/27

21. 什么是安全生产的批评、检举、控告权？/27

22. 女职工依法享有哪些特殊劳动保护权利？/28

23. 为什么未成年工享有特殊劳动保护权利？/33

24. 签订劳动合同时应注意哪些事项？/34

25. 职工工伤保险和工伤预防的义务主要有哪些？/35

26. 生产作业中，职工为何必须遵章守制与服从管理？/37

27. 为什么职工必须按规定佩戴和使用劳动防护用品？/37

28. 为什么职工应当接受安全教育培训？/39

29. 发现事故隐患应该怎么办？/40

第3章 劳动安全健康 /41

30. 职工劳动安全健康权利有哪些？/41

31. 职工劳动安全健康义务有哪些？/50

32. 《劳动法》规定用人单位对安全生产应该承担什么责任？/53

33. 《安全生产法》规定用人单位对安全生产应承担什么责任？/54

34. 职工工作过程中应注意哪些劳动安全事项？/55

35. 违反操作规程造成的工伤可以获得工伤补偿吗？/56

36. 工伤复发需要治疗的可享受哪些待遇？/56

37. 工伤期间用人单位可以减少职工的工资福利吗？/57

38. 在非法用工单位务工发生工伤怎么办？/57

39. 发生工伤后一次性赔偿金标准是怎样的？/58

40. 职工因工死亡后哪些亲属可以享受抚恤待遇？/58

41. 职工因工死亡后其近亲属可以享受什么抚恤待遇？/60

第4章　安全教育培训 /61

42. 农民工上岗前为什么必须进行安全教育培训？/61

43. 安全教育包括哪些基本内容？/62

44. 农民工应主动接受哪些安全教育？/64

45. 农民工进城务工之前应该接受的培训有哪些？/65

46. 为什么在职也要进行安全教育培训？/65

47. 安全生产技术教育培训的基本要求有哪些？/67

48. 为什么要强调安全生产技能教育培训？/68

49. 什么叫特种作业和特种设备操作？为什么特种作业和特种设备操作人员必须接受培训考核并持证上岗？/69

50. 什么是"三不伤害""三违"和"四不放过"？/71

第5章　工伤事故预防 /73

51. 劳动防护用品有哪些？/73

52. 使用劳动防护用品要注意什么？/74

53. 什么是安全色？/76

54. 什么是安全标志？/77

55. 电气事故预防措施有哪些？/78

56. 安全用电常识有哪些？/81

57. 机械事故预防措施有哪些？/84

58. 机械设备的安全要求有哪些？/88

59. 焊接、切割事故预防措施有哪些？/90

60. 焊工的安全要求有哪些？/98

61. 起重事故预防措施有哪些？/104

62. 起重作业"十不吊"是什么？/106

63. 建筑施工事故预防措施有哪些？/109

64. 建筑施工作业岗位安全要求有哪些？/112

65. 火灾、爆炸事故预防措施有哪些？/120

66. 危险化学品事故预防措施有哪些？/126

67. 厂内运输事故预防措施有哪些？/131

68. 矿山事故预防措施有哪些？/132

第6章 职业健康防护 /135

69. 职业病危害因素的种类有哪些？/135

70. 生产性毒物的危害有哪些？/137

71. 生产性毒物危害的预防措施有哪些？/139

72. 生产性粉尘的危害有哪些？/140

73. 生产性粉尘危害的预防措施有哪些？/142

74. 生产性噪声的危害有哪些？/143

75. 生产性噪声危害的预防措施有哪些？/145

76. 振动作业的危害有哪些？/146

77. 振动作业危害的预防措施有哪些？/147

78. 高温作业的危害有哪些？/148

79. 高温作业危害的预防措施有哪些？/149

80. 电磁辐射的危害有哪些？/151

81. 电磁辐射危害的预防措施有哪些？/154

第 7 章　常见工伤事故的应急处置与现场急救知识 /157

82. 事故应急救援处置及程序是什么？/157

83. 如何判断受伤人员的伤情？/158

84. 意外触电事故急救措施有哪些？/159

85. 化学品烧伤急救措施有哪些？/162

86. 眼部受伤急救措施有哪些？/164

87. 断指急救措施有哪些？/165

88. 车辆伤害急救措施有哪些？/166

89. 溺水事故的急救措施有哪些？/168

90. 高处坠落急救措施有哪些？/170

91. 化学品中毒急救措施有哪些？/171

92. 中暑急救措施有哪些？/172

93. 食物中毒急救措施有哪些？/174

第1章 工伤保险与工伤预防基础知识

1. 什么是工伤保险？

工伤保险是社会保险的一个重要组成部分，它通过社会统筹建立工伤保险基金，当职工因在生产经营活动中或在规定的某些情况下，遭受意外伤害、职业病以及因这两种情况导致死亡或暂时或永久丧失劳动能力时，工伤职工或其近亲属能够从国家、社会得到必要的物质补偿，以保证工伤职工或其近亲属的基本生活，以及为工伤职工提供必要的医疗救治和康复服务。工伤保险保障了工伤职工的合法权益，有利于妥善处理事故和恢复生产，维护正常的生产、生活秩序，维护社会安定。

工伤保险有四个基本特点：一是强制性，国家立法强制用人单位和职工参加。二是非营利性，是国家对劳动者履行的社会

责任，也是劳动者应该享受的基本权利。国家施行工伤保险，目的是预防工伤事故伤害和职业病，提供所有与工伤保险有关的服务，这些均不以营利为目的。三是保障性，保障职工在发生工伤事故伤害或患职业病后，对劳动者或其近亲属发放工伤保险待遇，保障其生活。四是互助互济性，建立工伤保险基金，由社会保险行政主管部门在人员之间、地区之间、行业之间调剂使用基金。

法律提示

2003年4月27日,《工伤保险条例》以国务院令第375号公布,2004年1月1日起施行。2010年12月8日,国务院第136次常务会议通过《关于修改〈工伤保险条例〉的决定》,以国务院令第586号公布,自2011年1月1日起施行。

现行《工伤保险条例》分8章共67条,各章内容分别为:第一章总则,第二章工伤保险基金,第三章工伤认定,第四章劳动能力鉴定,第五章工伤保险待遇,第六章监督管理,第七章法律责任,第八章附则。

2. 工伤保险制度的适用范围是什么?

《工伤保险条例》规定,中华人民共和国境内的企业、事业单位、社会团体、民办非企业单位、基金会、律师事务所、会计师事务所等组织和有雇工的个体工商户(统称为用人单位)应当依照该条例规定参加工伤保险,为本单位全部职工或者雇工(统称为职工)缴纳工伤保险费。

中华人民共和国境内的企业、事业单位、社会团体、民办非企业单位、基金会、律师事务所、会计师事务所等组织的职工和个体工商户的雇工,均有依照该条例的规定享受工伤保险待遇的权利。

《工伤保险条例》中规定的"企业",包括在中国境内的所有形式的企业,按照所有制划分,有国有企业、集体所有制企业、民营企业、外资企业;按照所在地域划分,有城镇企业、乡镇企业;按照企业的组织结构划分,有公司、合伙企业、个人独资企业、股份制企业等。

3. 工伤保险行业差别费率共分为几个类别?

按照《国民经济行业分类》(GB/T 4754—2017)对行业的划分,根据不同行业的工伤风险程度,由低到高,依次将行业工伤风险类别划分为一类至八类。

不同工伤风险类别的行业执行不同的工伤保险行业基准费率。各行业工伤风险类别对应的全国工伤保险行业基准费率,一类至八类分别控制在该行业用人单位职工工资总额的0.2%、0.4%、0.7%、0.9%、1.1%、1.3%、1.6%、1.9%左右。

通过费率浮动的办法确定每个行业内的费率档次。一类行业分为3个档次,即在基准费率的基础上,可向上浮动至120%、150%,二类至八类行业分为5个档次,即在基准费率的基础上,可分别向上浮动至120%、150%或向下浮动至80%、50%。

各统筹地区社会保险行政部门会同财政部门,按照"以支定收、收支平衡"的原则,合理确定本地区工伤保险行业基准费率具体标准,并征求工会组织、用人单位代表的意见,报统筹地区人民政府批准后实施。

4. 农民工工伤保险费由谁缴纳?

工伤保险费是由用人单位或雇主按国家规定的费率缴纳的,劳动者个人不缴纳任何费用,这是工伤保险与养老保险、医疗保险等其他社会保险的不同之处。个人不缴纳工伤保险费,体现了工伤保险的严格雇主责任。

随着经济、社会的发展,世界各国已达成共识,认为职工在为用人单位创造财富、为社会做出贡献的同时,还冒着付出鲜血和健康的代价。因此,由用人单位缴纳保险费是完全必要和合理的。我国《工伤保险条例》规定,用人单位应当按时缴纳工伤保险费。职工个人不缴纳工伤保险费。用人单位缴纳工伤保险费的数额为本单位职工工资总额乘以单位缴费费率之积。对难以按照工资总额缴纳工伤保险费的行业,其缴纳工伤保险费的具体方式,由国务院社会保险行政部门规定。

5. 申请工伤有时间限制吗？

《工伤保险条例》规定，职工发生事故伤害或者按照职业病防治法规定被诊断、鉴定为职业病，所在单位应当自事故伤害发生之日或者被诊断、鉴定为职业病之日起30日内，向统筹地区社会保险行政部门提出工伤认定申请。遇有特殊情况，经报社会保险行政部门同意，申请时限可以适当延长。

用人单位未按上述规定提出工伤认定申请的，工伤职工或者其直系亲属、工会组织在事故伤害发生之日或者被诊断、鉴定为职业病之日起1年内，可以直接向用人单位所在地统筹地区社会保险行政部门提出工伤认定申请。

按照规定应当由省级社会保险行政部门进行工伤认定的事项，根据属地原则由用人单位所在地的设区的市级社会保险行政部门办理。

用人单位未在规定的时限内提交工伤认定申请，在此期间发生符合《工伤保险条例》规定的工伤待遇等有关费用由该用人单位负担。

6. 没有办理工伤保险的情况下发生工伤怎么办？

《工伤保险条例》规定，用人单位依照规定应当参加工伤保险而未参加的，由社会保险行政部门责令限期参加，补缴应当缴纳的工伤保险费，并自欠缴之日起，按日加收万分之五的滞纳金；

逾期仍不缴纳的，处欠缴数额1倍以上3倍以下的罚款。

依照规定应当参加工伤保险而未参加工伤保险的用人单位职工发生工伤的，由该用人单位按照《工伤保险条例》规定的工伤保险待遇项目和标准支付费用。

用人单位参加工伤保险并补缴应当缴纳的工伤保险费、滞纳金后，由工伤保险基金和用人单位依照《工伤保险条例》的规定支付新发生的费用。

7. 申请工伤认定的主要流程有哪些？

（1）发生工伤

判断为发生工伤事故或被诊断、鉴定为职业病。

（2）提出工伤认定申请

职工所在用人单位应当自职工事故伤害发生之日或者职工被诊断、鉴定为职业病之日起30日内，向统筹地区社会保险行政部门提出工伤认定申请。

用人单位未按规定提出工伤认定申请的，工伤职工或者其近亲属、工会组织在事故伤害发生之日或者被诊断、鉴定为职业病之日起1年内，可以直接向用人单位所在地统筹地区社会保险行政部门提出工伤认定申请。

（3）备齐申请材料

1）工伤认定申请表。

2）与用人单位存在劳动关系（包括事实劳动关系）的证明材料。

3）医疗诊断证明或者职业病诊断证明书（或者职业病诊断鉴定书）。

工伤认定申请表应当包括事故发生的时间、地点、原因以及职工伤害程度等基本情况。

（4）社会保险行政部门受理

申请材料不完整的，社会保险行政部门应当一次性书面告知工伤认定申请人需要补正的全部材料。

（5）作出工伤认定

社会保险行政部门应当自受理工伤认定申请之日起60日内作出工伤认定的决定，并书面通知申请工伤认定的职工或者其近亲属和该职工所在单位。

8. 什么情形可以认定为工伤、视同工伤和不能认定为工伤？

《工伤保险条例》对工伤的认定作出了明确规定。

（1）职工应当认定为工伤的情形

1）在工作时间和工作场所内，因工作原因受到事故伤害的。

2）工作时间前后在工作场所内，从事与工作有关的预备性或者收尾性工作受到事故伤害的。

3）在工作时间和工作场所内，因履行工作职责受到暴力等意外伤害的。

4）患职业病的。

5）因工外出期间，由于工作原因受到伤害或者发生事故下落不明的。

6）在上下班途中，受到非本人主要责任的交通事故或者城市轨道交通、客运轮渡、火车事故伤害的。

7）法律、行政法规规定应当认定为工伤的其他情形。

（2）职工视同工伤的情形

1）在工作时间和工作岗位，突发疾病死亡或者在48小时之内经抢救无效死亡的。

2）在抢险救灾等维护国家利益、公共利益活动中受到伤害的。

3）职工原在军队服役，因战、因公负伤致残，已取得革命伤残军人证，到用人单位后旧伤复发的。

职工有上述第一项、第二项情形的，按照《工伤保险条例》有关规定享受工伤保险待遇；职工有上述第三项情形的，按照《工伤保险条例》的有关规定享受除一次性伤残补助金以外的工伤保险待遇。

（3）职工符合前述规定但不得认定为工伤或者视同工伤的情形

1）故意犯罪的。

2）醉酒或者吸毒的。

3）自残或者自杀的。

 **相关链接**

田某长期在某市铸造厂从事铸造工作。某日，车间主任派他到该厂另外一车间拿工具。在返回工作岗位途中，被该厂建筑工地坠落的砖块砸伤头部，当即被送往医院救治，被诊断为脑挫裂伤。出院后，田某要求单位为其申请工伤待遇，但是单位认为他不是在本职岗位受伤，因此不能享受工伤待遇。田某遂向当地社会保险行政部门申请工伤认定。

当地社会保险行政部门经调查后认为：虽然田某的致伤地点不是在本职岗位，但他是受领导（车间主任）指派离开本职岗位到另一车间拿工具的，故其受伤地点应属于工作场所。这一事故具有一般工伤事故应具备的"三工"要素，即在工作时间、工作地点，因工作原因而受伤。因此，当地社会保险行政部门认定田某为工伤，并责成所在单位给予田某相关工伤待遇。

9. 农民工工伤保险待遇主要包括哪些?

《工伤保险条例》中规定的工伤保险待遇主要有四类。

（1）工伤医疗及康复待遇

包括工伤治疗及相关补助待遇、工伤康复待遇、辅助器具的安装配置待遇等。

（2）停工留薪期待遇

职工因工作遭受事故伤害或者患职业病需要暂停工作接受工伤医疗的，在停工留薪期内，原工资福利待遇不变，由所在单位按月支付。停工留薪期一般不超过12个月。伤情严重或者情况特殊，经设区的市级劳动能力鉴定委员会确认，可以适当延长，但延长不得超过12个月。生活不能自理的工伤职工在停工留薪期需要护理的，由所在单位负责。

（3）伤残待遇

根据工伤发生后劳动能力鉴定确定的劳动功能障碍程度和生活自理障碍程度的等级不同，工伤职工可享受相应的一次性伤残补助金、伤残津贴、一次性工伤医疗补助金、一次性伤残就业补助金及生活护理费等。

（4）工亡待遇

职工因工死亡，其近亲属按照规定从工伤保险基金领取丧葬补助金、供养亲属抚恤金和一次性工亡补助金。

10. 什么是劳动能力鉴定？

劳动能力鉴定是指劳动能力鉴定委员会根据用人单位、工伤职工或者其近亲属的申请，依据国家制定的评残标准，以及工伤保险方面的有关政策，运用医学科学技术的方法和手段，确定职工劳动功能障碍程度和生活自理障碍程度等级的一种综合评定制度。也就是说，通过劳动能力鉴定确定职工伤残程度的级别。

11. 具备什么条件可以进行劳动能力鉴定？

根据《工伤保险条例》的有关规定，工伤职工进行劳动能力鉴定应当同时具备以下条件：

（1）经过治疗后，伤情处于相对稳定状态。

（2）虽经治疗，但还是造成职工残疾。

（3）工伤职工存在的残疾达到了影响劳动能力的程度。

工伤职工具备上述三项条件的，应当进行劳动能力鉴定。

12. 申请劳动能力鉴定的主要流程有哪些？

（1）伤情基本稳定，进行劳动能力鉴定

职工发生工伤，经治疗伤情相对稳定后存在残疾、影响劳动能力的，应当进行劳动能力鉴定。劳动功能障碍分为十个伤残等级，最重的为一级，最轻的为十级。生活自理障碍分为三个等级：生活完全不能自理、生活大部分不能自理和生活部分不能自理。

（2）备齐材料，提出申请

劳动能力鉴定由用人单位、工伤职工或者其近亲属向设区的市级劳动能力鉴定委员会提出申请，并提供工伤认定决定和职工工伤医疗的有关资料。

（3）接受申请，作出鉴定结论

设区的市级劳动能力鉴定委员会应当自收到劳动能力鉴定申请之日起60日内作出劳动能力鉴定结论，必要时，作出劳动能力鉴定结论的期限可以延长30日。劳动能力鉴定结论应当及时送达申请鉴定的单位和个人。

（4）存在异议，可向上级部门提出再次鉴定申请

申请鉴定的单位或者个人对设区的市级劳动能力鉴定委员会作出的鉴定结论不服的，可以在收到该鉴定结论之日起15日内向省、自治区、直辖市劳动能力鉴定委员会提出再次鉴定申请。省、自治区、直辖市劳动能力鉴定委员会作出的劳动能力鉴定结论为最终结论。

（5）伤残情况发生变化，可申请劳动能力复查鉴定

自劳动能力鉴定结论作出之日起1年后，工伤职工或者其近亲

属、所在单位或者经办机构认为伤残情况发生变化的,可以申请劳动能力复查鉴定。

13. 为什么要做好工伤预防?

工伤预防是建立健全工伤预防、工伤补偿和工伤康复"三位一体"工伤保险制度的重要内容,是指事先防范职业伤害事故以及职业病的发生,减少职业伤害事故及职业病的隐患,改善和创造有利于健康的、安全的生产环境和工作条件,保护职工生产、工作环境中的安全和健康。工伤预防的措施主要包括工程技术措施、教育措施和管理措施。

职工在劳动保护和工伤保险方面的权利与义务是基本一致的。在劳动关系中,获得劳动保护是职工的基本权利,工伤保险则是

其劳动保护权利的延续。职工有权获得保障其安全健康的劳动条件，同时也有义务严格遵守安全操作规程，遵章守纪，预防职业伤害的发生。

当前国际上，现代工伤保险制度已经把事故预防放在优先位置。我国《工伤保险条例》把工伤预防作为工伤保险三大任务之一，从而逐步改变了过去重补偿、轻预防的模式。因此，那种"工伤有保险，出事有人赔，只管干活挣钱"的说法显然是错误的。工伤补偿是发生职业伤害后的救助措施，不能挽回失去的生命、复原残疾的身体。职工只有强化安全生产意识，做好工伤预防工作，才能保障自身的安全健康。生命安全和身体健康是职工的最大利益，用人单位和职工要永远共同坚持安全第一、预防为主、综合治理的方针。

14. 为什么要安全生产？

安全生产是党和国家在生产建设中一贯的指导思想和重要方针，是全面落实习近平新时代中国特色社会主义思想，构建社会主义和谐社会的必然要求。

安全生产的根本目的是保障劳动者在生产过程中的安全和健康。安全生产是安全与生产的统一，安全促进生产，生产必须安全，没有安全就无法正常进行生产。搞好安全生产工作，改善劳动条件，减少职工伤亡与财产损失，不仅可以增加企业效益，促进企业的健康发展，而且还可以促进社会的和谐，保障经济建设的安全进行。

《中华人民共和国安全生产法》(以下简称《安全生产法》)是我国安全生产的专门法律、基本法律,是职业安全法律体系的核心,自2002年11月1日起施行。《安全生产法》明确规定安全生产应当以人为本,坚持人民至上、生命至上,把保护人民生命安全摆在首位,树牢安全发展理念,坚持安全第一、预防为主、综合治理的方针,强化和落实生产经营单位的主体责任,建立生产经营单位负责、职工参与、政府监管、行业自律和社会监督的工作机制。这是党和国家对安全生产工作的总体要求,生产经营单位和职工在劳动生产过程中必须严格遵循这一基本方针。

"安全第一"说明和强调了安全的重要性。人的生命是至高无上的,每个人的生命只有一次,要珍惜生命、爱护生命、保护生命,事故意味着对生命的摧残甚至毁灭。因此,在生产活动中,应把保护生命安全放在第一位,坚持最优先考虑人的生命安全。"预防为主"是指安全生产工作的重点应放在预防事故的发生上。按照系统工程理论,按照事故发展的规律和特点,预防事故的发生。安全工作应当做在生产活动之前,事先就充分考虑事故发生的可能性,并自始至终采取有效措施以防止和减少事故。"综合治理"是指要自觉遵循安全生产规律,抓住安全生产工作中的主要矛盾和关键环节。要标本兼治,重在治本,采取各种管理手段预防事故发生,实现治标的同时,研究治本的方法。要综合运用科技、经济、法律、行政等手段,并充分发挥社会、职工、舆论的监督作用,从各个方面着手解决影响安全生产的深层次问题,做到思想上、制度上、技术上、监督检查上、事故处理上和应急救援上的综合管理。

法律提示

《中华人民共和国宪法》第四十二条第一款、第二款规定：中华人民共和国公民有劳动的权利和义务。

国家通过各种途径，创造劳动就业条件，加强劳动保护，改善劳动条件，并在发展生产的基础上，提高劳动报酬和福利待遇。

15. 工作中遇到事故伤害应该怎么办？

如果在工作过程中遇到事故伤害，应当马上到签订服务协议的医疗机构就医，情况紧急时可以先到就近的医疗机构急救。同时，要及时向当地社会保险行政部门申请工伤认定。如果长期在煤矿、采石场或有毒有害等场所工作，发现自己身体不适，一定要到当地卫生行政部门所属的职业病防治机构进行诊断，被确认为职业病后，再到社会保险行政部门申请工伤认定。受伤害职工如果对社会保险行政部门工伤认定结论不服（如不予认定为工伤），可以在收到工伤认定决定后60日内提起行政复议；对复议决定不服的，还可以在15日内向当地人民法院提起行政诉讼。

被认定为工伤，经治疗伤情相对稳定后存在残疾、影响劳动能力的，应拿着《认定工伤决定书》到当地劳动能力鉴定委员会申请劳动能力鉴定。拿到《认定工伤决定书》和劳动能力鉴定结论之后，就可以到用人单位或社会保险行政部门的工伤保险经办机构领取工伤保险待遇。

16. 做好工伤预防，要注意杜绝哪些不安全行为？

一般地说，凡是能够或可能导致事故发生的人为失误均属于不安全行为。《企业职工伤亡事故分类》（GB 6441—1986）中规定了13大类不安全行为，包括：

（1）操作错误，忽视安全，忽视警告。未经许可开动、关停、移动机器；开动、关停机器时未给信号；开关未锁紧，造成意外转动、通电或泄漏等；忘记关闭设备；忽视警告标志、警告信号；操作错误（指按钮、阀门、扳手、把柄等的操作）；奔跑作业；供料或送料速度过快；机械超速运转；违章驾驶机动车；酒后作业；客货混载；冲压机作业时，手伸进冲压模；工件紧固不牢；用压缩空气吹铁屑。

（2）造成安全装置失效。安全装置被拆除、堵塞，或因调整的错误造成安全装置失效。

（3）使用不安全设备。临时使用不牢固的设施或使用无安全装置的设备等。

（4）用手代替工具操作。用手代替手动工具；用手清除切屑；不用夹具固定、用手拿工件进行机加工。

（5）物体存放不当。成品、半成品、材料、工具、切屑和生产用品等存放不当。

（6）冒险进入危险场所。

（7）攀、坐不安全位置。

（8）在起吊物下作业、停留。

（9）机器运转时从事加油、修理、检查、调整、焊接、清扫等工作。

（10）有分散注意力行为。

（11）在必须使用个人防护用品用具的作业或场合中，未按规定使用。

（12）不安全装束。在有旋转零部件的设备旁作业穿肥大服装；操纵带有旋转零部件的设备时戴手套。

（13）对易燃易爆等危险物品处理错误。

血的教训

一天，某厂生产一班给矿皮带工张某、和某两人打扫4号给矿皮带附近的场地，清理积矿。当张某清扫完非人行道上的积矿后，准备到人行道上帮助和某清扫。当时，张某拿着1.7米长的铁铲，为图方便抄近路，违章从4号给矿皮带与5号给矿皮带之间穿越（当时，4号给矿皮带正以每秒2米的速度运行，5号给矿皮带已停运）。张某手里拿的铁铲触及运行中的4号皮带的增紧轮，铁铲和人一起被卷到了皮带增紧轮上，铁铲的木柄被折成两段弹了出去，张某的头部顶在增紧轮外的支架上，在高速运转的皮带挤压下，造成头骨破裂，当场死亡。

这起事故的直接原因是张某安全意识淡薄，自我保护意识极差，严重违反了皮带操作工安全操作规程中关于"严禁穿越皮带"的规定。事后据调查，张某曾多次违章穿越皮带，属习惯性违章，正是他的违章行为，导致了这起伤亡事故的发生。

这起事故给人们的教训是，企业应设置有效的安全防护设施，提高设备的本质安全水平。同时，对职工要加强教育，增强其安全意识，杜绝不安全行为。

17. 做好工伤预防，要注意避免出现哪些不安全心理？

根据大量的工伤事故案例分析，导致职工发生职业伤害最常见的不安全心理状态主要有以下几种：

（1）自我表现心理

例如："虽然我进厂时间短，但我年轻、聪明，干这活儿不在话下……"

（2）经验心理

例如："多少年一直这样干，干了多少遍了，能有什么问题……"

（3）侥幸心理

例如："完全照操作规程做太麻烦了，变通一下也不一定会出事吧……"

（4）从众心理

例如："他们都没戴安全帽，我也不戴了……"

（5）逆反心理

例如："凭什么听班长的呀，今儿就这么干，我就不信会出事……"

（6）反常心理

例如："早晨孩子肚子疼，自己去了医院，也不知道是什么病，真担心……"

 血的教训

某日，某机械厂切割机操作工王某，在巡视纵向切割机时发现刀锯与板坯摩擦，有冒烟和燃烧现象，如不及时处理有可能引起火灾。王某当即停掉风机和切割机去排除故障，但没有关闭皮带机电源，皮带机仍然处于运转状态。当王某伸手去掏燃着的纤维板屑时，袖口连同右臂突然被皮带机齿轮绞住，直到工友听到王某的呼救声才关闭了皮带机电源。此次事故造成王某右臂伤残。

这起事故的发生与操作者存在侥幸、麻痹心理有直接的关系。操作者以前多次不关闭皮带机就去排除故障，侥幸未造成事故，因而麻痹大意，由此逐渐形成习惯性违章，最终导致惨剧发生。

18. 在承包经营情况下怎样保护职工的工伤保险权利？

《工伤保险条例》规定，用人单位实行承包经营的，工伤保险责任由职工劳动关系所在的单位承担。承包者可以是用人单位内部职工（俗称内部承包），也可以是外部个人、经营集团或企业法人（俗称外部承包）。

在本单位内部承包的情况下，职工的劳动关系在本单位是清楚的，对职工的工伤保险责任应由本单位来承担；在外部承包的情况下，职工的劳动关系有可能不在本单位而在中标的经营集团或企业法人。那么，对职工的工伤保险责任就由中标的经营集团或企业法人承担，因而在确定工伤保险责任时，明确劳动关系、明确用人单位是非常重要的。

第2章 工伤预防权利和义务

19. 职工工伤保险和工伤预防的权利主要体现在哪些方面？

（1）有权获得劳动安全卫生的教育培训，了解所从事的工作可能对身体健康造成的危害和可能发生的不安全事故。

（2）有权获得保障自身安全、健康的劳动条件和劳动防护用品。

（3）有权对用人单位管理人员违章指挥、强令冒险作业予以拒绝。

（4）有权对危害生命安全和身体健康的行为提出批评、检举和控告。

（5）从事职业危害作业的职工有权获得定期健康检查。

（6）发生工伤时，有权得到及时的抢救治疗。

（7）发生工伤后，职工或其近亲属有权向当地社会保险行政部门申请认定工伤和享受工伤待遇。

（8）工伤职工有权依法享受有关工伤保险待遇。

（9）工伤职工发生伤残，有权提出劳动能力鉴定申请和再次鉴定申请。自劳动能力鉴定结论作出之日起一年后，工伤职工或其近亲属认为伤残情况发生变化的，可以申请劳动能力复查鉴定。

（10）因工致残尚有工作能力的职工，在就业方面应得到特殊保护，依照法律规定用人单位对因工致残的从业人员不得解除劳动合同，并应根据不同情况安排适当工作；在建立和发展工伤康复事业的情况下，应当得到职业康复培训和再就业帮助。

（11）职工与用人单位发生工伤待遇方面的争议，按照处理劳

动争议的有关规定处理；职工对工伤认定结论不服或对经办机构核定的工伤保险待遇有异议的，可以依法申请行政复议，也可以依法向人民法院提起行政诉讼。

20. 什么是安全生产的知情权和建议权？

在生产劳动过程中，往往存在着一些对从业人员人身安全和健康有危险、危害的因素。从业人员有权了解其作业场所和工作岗位与安全生产有关的情况：一是存在的危险因素；二是防范措施；三是事故应急措施。从业人员对于安全生产的知情权，是保护劳动者生命健康权的重要前提。如果从业人员知道并且掌握有关安全生产的知识和处理办法，就可以消除许多不安全因素和事故隐患，避免或者减少事故的发生。

同时，从业人员对本单位的安全生产工作有建议权。因安全生产工作涉及自身的生命安全和身体健康，所以，从业人员有权参与生产经营单位的民主管理。从业人员通过参与生产经营过程的民主管理，可以充分调动其关心安全生产的积极性与主动性，为本单位的安全生产工作献计献策，并提出意见与建议。

21. 什么是安全生产的批评、检举、控告权？

安全生产的批评权是指从业人员对本单位安全生产工作中存在的问题有提出批评的权利。这一权利规定有利于从业人员对生产经营状况进行群众监督，促使生产经营单位不断改进本单位的安全生产工作。

　　安全生产的检举权、控告权是指从业人员对本单位及有关人员违反安全生产法律法规的行为，有向主管部门和司法机关进行检举和控告的权利。检举可以署名，也可以不署名；可以用书面形式，也可以用口头形式。但是，从业人员在行使这一权利时，应注意检举和控告的情况必须真实，反映问题要实事求是。此外，法律明令禁止对安全生产检举和控告者进行打击报复。

22. 女职工依法享有哪些特殊劳动保护权利？

　　女职工的身体结构和生理特点决定其应受到特殊劳动保护。女职工的体力一般比男职工差，特别是女职工在"五期"（经期、孕期、产期、哺乳期、绝经期）有特殊的生理变化现象，所以女职工对工业生产过程中的有毒有害因素一般比男职工敏感性强。另外，高噪声环境、剧烈振动、放射性物质等都会对女性生殖系统和身体产生有害影响。因此，要做好和加强女职工的特殊劳动保护工作，避免和减少生产劳动过程给女职工带来的危害。

《女职工劳动保护特别规定》于2012年4月18日国务院令第619号公布施行。该规定对女职工的特殊劳动保护作出以下主要要求。

（1）用人单位应当加强女职工劳动保护，采取措施改善女职工劳动安全卫生条件，对女职工进行劳动安全卫生知识培训。

（2）用人单位应当遵守女职工禁忌从事的劳动范围的规定。用人单位应当将本单位属于女职工禁忌从事的劳动范围的岗位书面告知女职工。

（3）用人单位不得因女职工怀孕、生育、哺乳降低其工资、予以辞退、与其解除劳动或者聘用合同。

（4）女职工在孕期不能适应原劳动的，用人单位应当根据医疗机构的证明，予以减轻劳动量或者安排其他能够适应的劳动。对怀孕7个月以上的女职工，用人单位不得延长劳动时间或者安排夜班劳动，并应当在劳动时间内安排一定的休息时间。怀孕女职工在劳动时间内进行产前检查，所需时间计入劳动时间。

（5）女职工生育享受98天产假，其中产前可以休假15天；难产的，增加产假15天；生育多胞胎的，每多生育1个婴儿，增加产假15天。女职工怀孕未满4个月流产的，享受15天产假；怀孕满4个月流产的，享受42天产假。

（6）女职工产假期间的生育津贴，对已经参加生育保险的，按照用人单位上年度职工月平均工资的标准由生育保险基金支付；对未参加生育保险的，按照女职工产假前工资的标准由用人单位支付。女职工生育或者流产的医疗费用，按照生育保险规定的项目和标准，对已经参加生育保险的，由生育保险基金支付；对未参加生育保险的，由用人单位支付。

（7）对哺乳未满1周岁婴儿的女职工，用人单位不得延长劳动时间或者安排夜班劳动。用人单位应当在每天的劳动时间内为哺乳期女职工安排1小时哺乳时间；女职工生育多胞胎的，每多哺乳1个婴儿每天增加1小时哺乳时间。

（8）女职工比较多的用人单位应当根据女职工的需要，建立女职工卫生室、孕妇休息室、哺乳室等设施，妥善解决女职工在生理卫生、哺乳方面的困难。

（9）在劳动场所，用人单位应当预防和制止对女职工的性骚扰。

（10）用人单位违反有关规定，侵害女职工合法权益的，女职工可以依法投诉、举报、申诉，依法向劳动争议仲裁机构申请调解仲裁，对仲裁裁决不服的，可以依法向人民法院提起诉讼。

法律提示

（1）女职工禁忌从事的劳动范围

1）矿山井下作业。

2）体力劳动强度分级标准中规定的第四级体力劳动强度的作业。

3）每小时负重6次以上、每次负重超过20千克的作业，或者间断负重、每次负重超过25千克的作业。

（2）女职工在经期禁忌从事的劳动范围

1）冷水作业分级标准中规定的第二级、第三级、第四级冷水作业。

2）低温作业分级标准中规定的第二级、第三级、第四级低温作业。

3）体力劳动强度分级标准中规定的第三级、第四级体力劳动强度的作业。

4）高处作业分级标准中规定的第三级、第四级高处作业。

（3）女职工在孕期禁忌从事的劳动范围

1）作业场所空气中铅及其化合物、汞及其化合物、苯、镉、铍、砷、氰化物、氮氧化物、一氧化碳、二硫化碳、氯、己内酰胺、氯丁二烯、氯乙烯、环氧乙烷、苯胺、甲醛等有毒物质浓度超过国家职业卫生标准的作业。

2）从事抗癌药物、己烯雌酚生产,接触麻醉剂气体等的作业。

3）非密封源放射性物质的操作,核事故与放射事故的应急处置。

4）高处作业分级标准中规定的高处作业。

5）冷水作业分级标准中规定的冷水作业。

6）低温作业分级标准中规定的低温作业。

7）高温作业分级标准中规定的第三级、第四级的作业。

8）噪声作业分级标准中规定的第三级、第四级的作业。

9）体力劳动强度分级标准中规定的第三级、第四级体力劳动强度的作业。

10）在密闭空间、高压室作业或者潜水作业,伴有强烈振动的作业,或者需要频繁弯腰、攀高、下蹲的作业。

（4）女职工在哺乳期禁忌从事的劳动范围

1）孕期禁忌从事的劳动范围的第一项、第三项、第九项。

2）作业场所空气中锰、氟、溴、甲醇、有机磷化合物、有机氯化合物等有毒物质浓度超过国家职业卫生标准的作业。

23. 为什么未成年工享有特殊劳动保护权利?

未成年工依法享有特殊劳动保护的权利。这是针对未成年工处于生长发育期的特点以及接受义务教育的需要所采取的特殊劳动保护措施。

未成年工处于生长发育期,身体机能尚未健全,也缺乏生产知识和生产技能,过重及过度紧张的劳动,不良的工作环境,不适的劳动工种或劳动岗位,都会对他们产生不利影响,如果劳动过程中不进行特殊保护就会损害他们的身体健康。

如未成年少女长期从事负重作业和立位作业,可影响其骨盆正常发育,导致成年后生育难产发病率增高;未成年工对生产性毒物敏感性较高,长期从事有毒有害作业易引起职业中毒,影响其生长发育。

 法律提示

> 《中华人民共和国劳动法》(以下简称《劳动法》)规定:未成年工是指年满16周岁未满18周岁的劳动者。不得安排未成年工从事矿山井下、有毒有害、国家规定的第四级体力劳动强度的劳动和其他禁忌从事的劳动。用人单位应当对未成年工定期进行健康检查。
>
> 关于未成年工其他特殊劳动保护政策和未成年工禁忌作业范围的规定,可查阅《中华人民共和国未成年人保护法》《未成年工特殊保护规定》等。

24. 签订劳动合同时应注意哪些事项？

劳动者在上岗前应和用人单位依法签订劳动合同，建立明确的劳动关系，确定双方的权利和义务。关于劳动保护和安全生产，在签订劳动合同时应注意两方面的问题：第一，在劳动合同中要载明保障劳动者劳动安全、防止职业危害的事项；第二，在劳动合同中要载明依法为劳动者办理工伤保险的事项。

遇到以下劳动合同不要签。

（1）"生死合同"

在危险性较高的行业，用人单位往往在劳动合同中写上一些逃避责任的条款，典型的如"发生伤亡事故，单位概不负责"。

（2）"暗箱合同"

这类劳动合同隐瞒工作过程中的职业危害，或者采取欺骗手段剥夺劳动者的合法权利。

（3）"霸王合同"

有的用人单位与劳动者签订劳动合同时，只强调自身的利益，无视劳动者依法享有的权利，不容许劳动者提出意见，甚至规定"本合同条款由用人单位解释"等。

（4）"卖身合同"

这类劳动合同要求劳动者无条件听从用人单位安排，用人单位可以任意安排加班加点，强迫劳动，使劳动者完全失去人身自由。

（5）"双面合同"

一些用人单位在与劳动者签订劳动合同时准备了两份合同，一份用来应付有关部门的检查，一份用来约束劳动者。

 法律提示

《安全生产法》规定：生产经营单位与从业人员订立的劳动合同，应当载明有关保障从业人员劳动安全、防止职业危害的事项，以及依法为从业人员办理工伤保险的事项。

生产经营单位不得以任何形式与从业人员订立协议，免除或者减轻其对从业人员因生产安全事故伤亡依法应承担的责任。

25. 职工工伤保险和工伤预防的义务主要有哪些？

权利与义务是对等的，有相应的权利，就有相应的义务。职工在工伤保险和工伤预防方面的义务主要有：

（1）职工有义务遵守劳动纪律和用人单位的规章制度，做好本职工作和被临时指定的工作，服从本单位负责人的工作安排和指挥。

（2）职工在劳动过程中必须严格遵守安全操作规程，正确使用劳动防护用品，接受劳动安全卫生教育培训，配合用人单位积极预防工伤事故和职业病。

（3）职工或其近亲属报告工伤和申请工伤待遇时，有义务如实反映发生工伤事故和职业病的有关情况及工资收入、家庭有关情况；当有关部门调查取证时，应当给予配合。

（4）除紧急情况外，发生工伤的职工应当到工伤保险签订服协议的医疗机构进行治疗，对于治疗、康复、评残要接受有关机构的安排，并给予配合。

26. 生产作业中，职工为何必须遵章守制与服从管理？

安全生产规章制度、安全操作规程，是生产经营单位管理规章制度的重要组成部分。

根据《安全生产法》及其他有关法律、法规和规章的规定，生产经营单位必须制定本单位安全生产的规章制度和操作规程，职工必须严格依照这些规章制度和操作规程进行生产经营作业。用人单位的负责人和管理人员有权依照规章制度和操作规程进行安全管理，监督检查职工遵章守制的情况。依照法律规定，生产经营单位的职工不服从管理，违反安全生产规章制度和操作规程的，由生产经营单位给予批评教育，依照有关规章制度给予处分；造成重大事故，构成犯罪的，依照刑法有关规定追究刑事责任。

27. 为什么职工必须按规定佩戴和使用劳动防护用品？

职工在劳动生产过程中应履行按规定佩戴和使用劳动防护用品的义务。

按照法律法规的规定，为保障人身安全，用人单位必须为职工提供必要的、安全的劳动防护用品，以避免或者减轻作业中的人身伤害。但在实践中，由于一些职工缺乏安全知识，心存侥幸或嫌麻烦，往往不按规定佩戴和使用劳动防护用品，由此引发的人身伤害事故时有发生。另外，有的职工由于不会或者没有正确使用劳动防护用品，同样也难以避免受到人身伤害。因此，正确佩戴和使用劳动防护用品是职工必须履行的法定义务，这是保障其人身安全和生产经营单位安全生产的需要。

血的教训

某日下午，某水泥厂生产车间在进行倒料作业时，包装工王某因脚穿拖鞋，行动不便、重心不稳，左脚踩进螺旋输

送机上部10厘米宽的缝隙内，正在运行的机器将其脚和腿绞了进去。王某大声呼救，其他人员见状立即停车并反转盘车，才将王某的脚和腿退出。尽管王某被迅速送到医院救治，仍造成左腿高位截肢。

造成这起事故的直接原因是王某未按规定穿工作鞋，而是穿着拖鞋，在凹凸不平的机器上行走，失足踩进机器缝隙。这起事故告诉我们，上班时间职工必须按规定穿戴劳动防护用品，绝不允许穿着拖鞋上岗操作。一旦发现这种违章行为，班组长以及其他职工应该及时制止、纠正。

28. 为什么职工应当接受安全教育培训？

不同企业、不同工作岗位和不同的生产设施设备具有不同的安全技术特性和要求。随着高新技术装备的大量使用，对职工的安全素质要求越来越高。职工的安全意识和安全技能的高低，直接关系生产活动的安全可靠性。职工需要具有系统的安全知识，熟练的安全技能，以及对不安全因素和事故隐患、突发事故的预防处理能力和经验。要适应生产活动的需要，职工必须接受专门的安全教育和业务培训，不断提高自身的安全生产技术知识和能力。

29. 发现事故隐患应该怎么办？

职工往往属于事故隐患和不安全因素的第一目击者或当事人。许多生产安全事故正是由于职工在作业现场发现事故隐患和不安全因素后，没有及时报告，以致贻误了采取措施进行紧急处理的时机，最终酿成惨剧。相反，如果职工尽职尽责，及时发现并报告事故隐患和不安全因素，使之得到及时、有效的处理，就完全可以避免事故发生和降低事故损失。所以，发现事故隐患并及时报告是贯彻安全第一、预防为主、综合治理的方针，加强事前防范的重要措施。

第3章 劳动安全健康

30. 职工劳动安全健康权利有哪些？

（1）知情权

职工有了解其作业场所和工作岗位存在的危险、有害因素及防范措施和事故应急措施的权利。知情权保障职工知晓并掌握有关安全生产知识和处理办法，能有效地消除和减少由于人的因素而产生的不安全因素，从而避免、减少人员伤亡。

（2）建议权

职工有权对本单位的安全生产工作提出建议，可以通过各种方式，对用人单位的安全生产规划、管理制度、管理办法、安全技术措施和规章的制定等提出建议。

（3）批评、检举和控告权

职工有权对本单位安全生产工作中存在的问题提出批评、检举和控告，特别是生产经营单位不提供法律规定的劳动条件，违章指挥、强令冒险作业等易造成伤亡事故的违法行为。

（4）拒绝权

职工有权拒绝违章指挥和强令冒险作业。用人单位不得因职工拒绝违章指挥、强令冒险作业而降低其工资、福利等待遇或者解除与其订立的劳动合同，不得以此为由给予其处分。

（5）紧急避险权

职工发现直接危及人身安全的紧急情况时，有权停止作业或者在采取可能的应急措施后撤离危险场所。用人单位不得因职工在此紧急情况下停止作业或者采取紧急撤离措施而给予其任何处分，也不得降低其工资、福利待遇或者解除与其订立的劳动合同。

职工在行使这项权利的时候，必须明确四点：

1）危及职工人身安全的紧急情况必须有确实可靠的直接根据，不能凭借个人猜测或者误判。

2）紧急情况必须直接危及人身安全，间接或者可能危及人身安全的情况不应撤离，而应尽可能地采取有效处理措施。

3）出现危及人身安全的紧急情况时，首先是停止作业，然后要采取可能的应急措施。采取应急措施无效时，再撤离作业场所。

4）该项权利不适用于某些特殊岗位职工，如车辆驾驶人员等。

（6）劳动安全健康条件保障权

职工有获得劳动安全健康条件的权利，有获得符合国家标准或者行业标准的劳动防护用品的权利,有获得定期健康检查的权利等。

(7)接受安全教育培训权

职工有获得本职工作所需的安全生产知识、接受安生教育培训的权利。该项权利能使职工提高安全技能,增强事故防范和应急处理能力。

(8)享受工伤保险和伤亡赔偿权

职工因工伤事故受到损害时,除依法享受工伤保险待遇外,依照有关民事法律尚有获得赔偿的权利。

未成年工、女职工、有职业禁忌的从业人员享有特殊安全健康保护权利。

 案例

(1)事故经过

某日,江苏省某机械加工厂,班组长李某安排车工郑某和钻工张某两人在一个面积仅为9平方米的车间内作业,两台机床的间距仅0.6米。郑某和张某看到作业空间狭小,可能存有事故隐患而提出异议。可是班组长李某为了赶生产进度,未采取适当保护措施强令两人作业。结果,当郑某在加工一件长度为1.85米的六角钢棒时,因为该钢棒伸出车床较长,在高速旋转下,该钢棒被甩弯,打在了正在旁边作业的张某的头上。等郑某发现后立即停车,张某的头部已被连击数下,造成头骨碎裂,当场死亡。

（2）事故原因

班组长李某忽视安全，违章指挥，强令工人冒险作业，是造成此次事故的直接原因。作业空间狭小，且在进行特殊工件加工时没有采用专门的安全防护装置并采取措施，也是引发事故的重要原因。

（3）事故教训

在机械加工作业中，各种机械设备都要有一定的安全作业空间，机械设备间距要符合标准要求，否则，在一台机械设备工作时，其危险的工件会对邻近的机械操作人员造成伤害。在工作中，千万不能为了眼前的利益而违章指挥，不能在未采取有效的安全措施的情况下冒险作业，这样必然会导致工伤惨剧的发生。

（9）休息、休假的权利

1）休息、休假时间。休息、休假时间是劳动者在工作时间以外，依照法律法规的规定不从事生产和工作，而由个人自行支配的时间。劳动者的休息、休假时间是相对于工作时间而言的，是劳动者的一项基本权利。

《劳动法》规定的休息、休假时间，充分体现了对劳动者职业健康权的保障。根据有关法律法规的规定，目前我国的休息、休假制度主要包括以下类型：

①工作间歇休息。工作日内的休息时间是指职工在一个工作日内享有的休息时间。在一个工作日内，劳动者的工作时间为8

小时，但是，这8小时的工作并非完全连续的，劳动者享有工间休息和餐饮时间。午休和餐饮时间根据工作性质不同而有所不同，一般最少不能少于半小时。

②日休息。日休息是指劳动者在每昼夜（24小时）内，除工作时间以外，由自己支配的时间。劳动者在完成一个工作日的工作时间到下一个工作日工作开始时间，属于其休息时间。劳动者每日工作时间不超过8小时，在昼夜24小时内，除了最多8小时用于工作外，劳动者至少可以有16小时属于休息时间，由个人支配。用人单位一般不得安排劳动者连续从事两个以上的工作日工作，在每个工作日之间，应当保证劳动者有充分的休息时间，以恢复体力和劳动能力，保护劳动者的身心健康。

③周休息。周休息又称公休假日，是指劳动者在一周内享有的、连续休息时间在1天（24小时）以上的休息时间。《劳动法》规定，用人单位应当保证劳动者每周至少休息一日。《国务院关于职工工作时间的规定》规定，国家机关、事业单位实行统一的工作时间，星期六和星期日为周休息日。企业和不能实行上述规定的统一工作时间的事业单位，可以根据实际情况灵活安排周休息日。

根据上述规定，每周公休假日的时间为2天，一般应安排在星期六和星期日。但是，企业和其他不适宜安排在星期六、星期日休息的单位，可以根据工作性质和生产特点安排公休时间。

④法定节假日。法定节假日是根据国家、民族的传统习俗而由法律规定的节日实行的休假。《劳动法》规定，用人单位在元旦、春节、国际劳动节、国庆节和法律法规规定的其他休假节日期间

应当依法安排劳动者休假。

根据有关法规规定，全国年节、纪念日及其假期为：元旦放假1天，春节放假3天，劳动节放假1天，国庆节放假3天，清明节、端午节、中秋节各放假1天。以上为法定节假日，如适逢公休假日，在工作日补假。除了上述适用于全体劳动者的法定节假日外，还有属于部分劳动者的节假日，如妇女节、青年节等；少数民族习惯的节日，由各少数民族聚居地区的地方人民政府，按照各该民族习惯，规定放假日期。

⑤年休假。年休假是指职工每年享有保留职务和工资的一定期限连续休息的假期，休假时间根据工龄或工作年限长短而定。《劳动法》正式确立了我国实行年休假制度，规定国家实行带薪年休假制度。劳动者连续工作1年以上的，享受带薪年休假。具体办法由国务院规定。

⑥探亲假。探亲假是指职工工作地点与父母或配偶居住地不属同一城市而分居两地时，每年所享受的一定期限探望父母或配偶的假期。《国务院关于职工探亲待遇的规定》对探亲假的内容做了规定：凡在国家机关、人民团体、全民所有制企业、事业单位工作满一年的固定职工，与配偶不住在一起，又不能在公休假日团聚的，可以享受规定的探望配偶的待遇；与父亲、母亲都不住在一起，又不能在公休假日团聚的，可以享受规定的探望父母的待遇。但是，职工与父亲或与母亲一方能够在公休假日团聚的，不能享受规定的探望父母的待遇。职工探亲的期限是：职工探望配偶的，每年给予一方探亲假一次，假期为30天；未婚职工探望父母，原则上每年给假一次，假期为20天，如果因为工作需要，本

单位当年不能给予假期，或者职工自愿两年探亲一次，可以两年给假一次，假期为45天；已婚职工探望父母的，每4年给假一次，假期为20天。上述假期均包括公休假日和法定节假日在内。凡实行休假制度的职工（例如学校的教职工）应该在休假期间探亲；如果休假期较短，可由本单位适当安排，补足其探亲假的天数。

⑦其他假期。除了上述假期外，根据相关规定还有女职工产假、职工婚丧假等。

2）加班加点。延长工作时间又称加班加点。所谓加班是指劳动者按照用人单位的要求，在法定节假日或公休假日从事生产或工作；所谓加点是指劳动者按照用人单位的要求，在正常工作日以外继续从事生产或工作。加班加点使劳动者每个工作日的工作时数和每周的工作日数超过法律法规规定的最高限制的工作日时数和工作周日数，影响了劳动者的休息，不利于其身体健康。因此，国家对用人单位加班加点进行严格限制。

①对加班加点的基本规定。加班加点虽然属于延长工作时间，以工作时间挤占了劳动者的休息时间，但是在法律上加班加点并非都属于违法行为。《劳动法》在充分保护劳动者的休息和休假权的基础上，也考虑到用人单位生产经营的实际情况，允许在正常的工作时间外，在符合法律规定的条件和程序下，适当延长劳动者的工作时间。根据《劳动法》规定，用人单位加班加点应当符合下列条件：

a.用人单位生产经营需要延长工作时间。主要是指有紧急生产任务，如果不按期完成，会影响单位的经济效益和劳动者的收入。

在这种情况下，可以延长工作时间。

b. 必须符合法定程序。用人单位安排延长工作时间，必须事先与工会和劳动者协商，在征得工会和劳动者同意的情况下，才能延长工作时间，不得强迫职工加班加点。

c. 时间限制。加班加点的时间必须符合《劳动法》规定的标准，即每日延长的工作时间不超过1小时，因特殊原因需要延长工作时间的，在保障劳动者身体健康的条件下，延长工作时间每日不超过3小时，每月累计不得超过36小时。

②加班加点的工资报酬。无论在哪种情况下延长工作时间，用人单位都应按照《劳动法》的有关规定，付给劳动者相应的工资报酬。具体规定如下：

a. 安排劳动者延长工作时间的，支付不低于工资的150%的工资报酬。

b. 休息日安排劳动者加班又不能安排补休的，支付不低于工资的200%的工资报酬。

c. 法定休假日安排劳动者工作的，支付不低于工资的300%的工资报酬。

实行计件工资的劳动者，在完成计件定额任务后，由用人单位安排延长工作时间的，应根据上述规定的原则，分别按照不低于其本人法定工作时间计件单价的150%、200%、300%支付其工资。

第3章 劳动安全健康

 案例

某服装厂有500多名职工,在裁剪、缝纫等第一线工作的有300多名。某年年初,该厂领导强调出口服装生产任务紧,组织一线职工加班加点。职工每天工作12小时,连公休日和法定节假日也不能休息。厂方以公告的形式规定,除有医院证明的病假外,不加班加点的职工一律按旷工论处。半个月后,职工们意见很大,认为厂方的决定根本不考虑具体情况:有的职工身体不好,半个月下来已筋疲力尽,继续这么干下去吃不消;有的职工家里有病人,这样干无法照顾,以致产生家庭纠纷。厂方认为,职工个人问题应该自己克服,要从企业生产的大局出发,况且厂方有权制定规章制度。为了"严肃纪律",厂方对星期日没来加班的8名职工作旷工处理。职工们不服,向当地劳动争议仲裁委员会申请仲裁。

法律分析:

本例中主要涉及的法律问题是:①服装厂因生产经营需要,可以延长工作时间,但服装厂没有与工会和劳动者协商,反而以行政命令强迫劳动者加班,其行为违反了《劳动法》规定的延长工作时间的条件。②服装厂延长的工作时间大大超过了《劳动法》规定的上限,其行为违反了《劳动法》。③服装厂将8名星期日没来加班的职工作旷工处理是没有法律依据的,因为服装厂的加班本身就是违法的。

31. 职工劳动安全健康义务有哪些？

（1）遵章守规，服从管理的义务

"条条规章制度都是用鲜血写成的！"规章制度是保证生产经营单位安全生产的重要措施。为了避免事故，职工必须严格遵守安全生产规章制度，切不可大意，更不能漠视。

法律法规明确规定，职工在作业过程中，应当严格遵守本单位的安全生产规章制度和操作规程，服从管理。

（2）佩戴和使用劳动防护用品的义务

按照法律法规的规定，为保障人身安全，用人单位必须为职工提供必要的、合格的劳动防护用品，以避免或者减轻在作业和事故中的人身伤害。实际工作中，由于一些职工缺乏安全知识，会出现不按规定佩戴或者不能正确佩戴和使用劳动防护用品的现象，由此引发的人身伤害时有发生，造成不必要的工伤事故。例如：

将安全帽歪戴着,或者不系好下颌带,结果使安全帽失去了保护作用;将工作服紧袖口改成平袖口,甚至将纽扣拆掉等,违反了工作服穿着"三紧"(领口紧、袖口紧、下摆紧)的要求。

案例

（1）事故经过

某日,某机械厂女车工李某来到车间,将前日做好的工件交给下道工序的仁某后,因为手里暂时没有要加工的零件,便未穿戴任何劳动防护用品。由于仁某进厂时间较长,技术好,李某便想带徒弟一起从他那里学点技术,于是叫过来徒弟彭某一起看仁某操作。

当李某招呼徒弟一起看仁某操作时,不慎被车床脚踏板绊倒,头发被绞在飞速旋转的车床光杠上,头皮一下被撕裂开。10多分钟后,120急救车赶来,将李某从车间送往医院急救。经抢救,李某脱离了生命危险,但初步诊断,经缝合的头皮不能成活,头发也不能再生。

(2)事故原因

李某未穿戴任何劳动防护用品,且不慎被绊倒,其头发被绞在飞速旋转的车床光杠上从而造成事故。

(3)事故教训

虽然李某和其徒弟不是直接操作车床,但作为学习者,也应与操作者一样穿好工作服,并扎紧袖口,女同志须戴防护帽并将长发全部罩进帽子里,加工硬脆工件或高速切削时,须戴防护眼镜。

(3)接受培训,掌握安全生产技能的义务

不同行业企业、不同工作岗位和不同的生产设施、设备具有不同的安全技术特性和要求。随着高新安全技术装备的大量使用,用人单位对职工的安全素质要求越来越高。职工的安全生产意识和安全生产技能的高低,直接关系生产活动的安全可靠性。尤其是从事特种作业或特种设备操作的人员,对作业或操作者本人、他人的安全健康和周围设备、设施的安全可能造成重大危害,如起重机司机、电工、焊工、厂内机动车辆驾驶人员等,必须要经过特种作业人员或特种设备操作人员安全技术培训,考核合格后取证上岗。

为了明确职工接受培训、提高安全素质的法定义务，法律明确规定应当接受安全生产教育培训，掌握本职工作所需的安全生产知识，提高安全生产技能，增强工伤事故预防和应急处理的能力。

（4）发现事故隐患及时报告的义务

许多工伤事故是由于职工在作业现场发现事故隐患和不安全因素后，没有及时报告，以至贻误了采取措施进行紧急处理的时机，从而发生重大、特大事故。如果职工尽职尽责，及时发现并报告事故隐患和不安全因素，许多事故是可以得到有效处理的，可以避免事故发生或降低事故损失。所以，发现事故隐患并及时报告是做好工伤预防、加强事前防范的重要措施。

《安全生产法》规定：从业人员发现事故隐患或者其他不安全因素，应当立即向现场安全生产管理人员或者本单位负责人报告，接到报告的人员应当及时予以处理。

32.《劳动法》规定用人单位对安全生产应该承担什么责任？

为了切实维护劳动安全，最大限度减少安全生产事故和职业病的发生，法律严格规定了用人单位在安全生产方面的责任。《劳动法》对用人单位承担的安全生产职责规定如下：

（1）用人单位必须建立、健全劳动安全卫生制度，严格执行国家劳动安全卫生规程和标准，对劳动者进行劳动安全卫生教育，防止劳动过程中的事故，减少职业病危害。

（2）劳动安全卫生设施必须符合国家规定的标准。新建、改建、扩建工程的劳动安全卫生设施必须与主体工程同时设计、同时施工、同时投入生产和使用。

（3）用人单位必须为劳动者提供符合国家规定的劳动安全卫生条件和必要的劳动防护用品，对从事有职业病危害作业的劳动者应当定期进行健康检查。

33.《安全生产法》规定用人单位对安全生产应承担什么责任？

《安全生产法》对用人单位安全生产的职责做出了更加具体的规定。

（1）对从业人员进行安全生产教育和培训，保证从业人员具备必要的安全生产知识，熟悉有关的安全生产规章制度和安全操作规程，掌握本岗位的安全操作技能，了解事故应急处理措施，知悉自身在安全生产方面的权利和义务。未经安全生产教育和培训合格的从业人员，不得上岗作业。

（2）采用新工艺、新技术、新材料或者使用新设备，必须了解、掌握其安全技术特性，采取有效的安全防护措施，并对从业人员进行专门的安全生产教育和培训。

（3）生产经营单位的特种作业人员必须按照国家有关规定经专门的安全作业培训，取得相应资格，方可上岗作业。特种作业人员的范围由国务院应急管理部门会同国务院有关部门确定。

（4）在有较大危险因素的生产经营场所和有关设施、设备上，设置明显的安全警示标志。

（5）对重大危险源应当登记建档，进行定期检测、评估、监控，并制定应急预案，告知从业人员和相关人员在紧急情况下应当采取的应急措施。

（6）生产、经营、储存、使用危险物品的车间、商店、仓库不得与员工宿舍处在同一座建筑物内，并应当与员工宿舍保持安全距离。生产经营场所和员工宿舍应当设有符合紧急疏散要求、标志明显、保持畅通的出口。禁止锁闭、封堵生产经营场所或者员工宿舍的出口。

（7）教育和督促从业人员严格执行本单位的安全生产规章制度和安全操作规程，并向从业人员如实告知作业场所和工作岗位存在的危险因素、防范措施以及事故应急措施。

（8）必须为从业人员提供符合国家标准或者行业标准的劳动防护用品，并监督、教育从业人员按照使用规则佩戴、使用。

（9）应当关注从业人员的身体、心理状况和行为习惯，加强对从业人员的心理疏导、精神慰藉，严格落实岗位安全生产责任，防范从业人员行为异常导致事故发生。

34. 职工工作过程中应注意哪些劳动安全事项？

在生产劳动中，尤其是在建筑施工、煤矿等高危行业，许多农民工整天接触的是钢筋、水泥、石块，或在高处作业，或与机器相伴，稍有不慎人身就会受到伤害。因此，在工作过程中劳动安全是第一位的，千万不能抱有侥幸心理。一定要了解所在的作业场所或工作岗位存在哪些危险因素，可能发生哪些伤害，以及如何防范和应急处置。要自觉接受用人单位的安全生产教育培训，努力学习劳动安全卫生知识；遵守各种安全生产规章制度和操作规范，不违章作业，不冒险蛮干；正确使用生产设备、安全设施和劳动防护用品；对违章指挥和强令冒险作业，农民工有权拒绝；发现危急征兆要主动采取措施，特别像火灾、触电、有毒有害气体泄漏等事故发生时，要在第一时间撤离现场并立即向领导报告。

35. 违反操作规程造成的工伤可以获得工伤补偿吗？

工伤保险实行"无责任补偿"原则，在补偿工伤职工时，不追究受害人责任，无论职工在事故中有没有责任，都应依法得到补偿。当然，实行无责任补偿，并不是不追究工伤事故的责任，这是另一个范畴的工作和职责。另外，《工伤保险条例》规定：对故意犯罪的、醉酒或者吸毒的、自残或者自杀的，是不予认定工伤的，同时也是得不到工伤补偿的。

36. 工伤复发需要治疗的可享受哪些待遇？

根据《工伤保险条例》规定，工伤职工工伤复发，确认需要治疗的，可以享受规定的工伤待遇。工伤职工经过诊断治疗的，可以按照规定享受工伤医疗待遇；需要暂停工作接受工伤医疗的，享受停工留薪期待遇；需要配置辅助器具的，可以按照规定配置，所需费用按照国家规定标准从工伤保险基金支付。

37. 工伤期间用人单位可以减少职工的工资福利吗?

工伤治疗期间,用人单位不可以减少职工的工资福利待遇。停工留薪期是指职工因工负伤、患职业病需要接受工伤医疗而暂停工作,由用人单位继续发给原工资福利待遇的一段时期。停工留薪期一般不超过12个月,伤情严重或者情况特殊的,经劳动能力鉴定委员会确认,可以适当延长,但延长不得超过12个月。在停工留薪期内,工伤职工的原工资福利待遇不变,由所在单位按月支付。工伤职工评定伤残等级后,停发原待遇,按照《工伤保险条例》的有关规定享受伤残待遇。工伤职工在停工留薪期满后仍需治疗的,工伤医疗待遇继续享受。生活不能自理的工伤职工在停工留薪期需要护理的,由所在单位负责。

38. 在非法用工单位务工发生工伤怎么办?

非法用工单位伤亡人员是指在无营业执照或者未经依法登记、备案的单位以及被依法吊销营业执照或者撤销登记、备案的单位受到事故伤害或者患职业病的职工,或者用人单位使用童工造成的伤残、死亡童工。

根据《工伤保险条例》、国务院印发的《关于解决农民工问题的若干意见》和人力资源社会保障部印发的《非法用工单位伤亡人员一次性赔偿办法》的规定,无营业执照或者未经依法登记、备案的单位以及被依法吊销营业执照或者撤销登记、备案的单位或未参加工伤保险的农民工,受到事故伤害或者患职业病的,由该单位向伤残农民工或者死亡农民工的近亲属给予一次性赔偿。

一次性赔偿包括受到事故伤害或患职业病的农民工或童工在治疗期间的费用和一次性赔偿金。农民工或童工受到事故伤害或患职业病，在劳动能力鉴定之前进行治疗期间的生活费、医疗费、护理费、住院期间的伙食补助费及所需的交通费等费用，按照《工伤保险条例》规定的标准和范围，全部由伤残职工或童工所在单位支付。一次性赔偿金数额应当在受到事故伤害或患职业病的农民工或童工死亡或者经劳动能力鉴定后确定。劳动能力鉴定按属地原则由单位所在地设区的市级劳动能力鉴定委员会办理，劳动能力鉴定费用由伤亡农民工或童工所在单位支付。

39. 发生工伤后一次性赔偿金标准是怎样的？

一次性赔偿金按以下标准支付：一级伤残的为赔偿基数的16倍，二级伤残的为赔偿基数的14倍，三级伤残的为赔偿基数的12倍，四级伤残的为赔偿基数的10倍，五级伤残的为赔偿基数的8倍，六级伤残的为赔偿基数的6倍，七级伤残的为赔偿基数的4倍，八级伤残的为赔偿基数的3倍，九级伤残的为赔偿基数的2倍，十级伤残的为赔偿基数的1倍。其中，赔偿基数是指单位所在地工伤保险统筹地区上年度职工年平均工资。

40. 职工因工死亡后哪些亲属可以享受抚恤待遇？

供养亲属是指因工死亡职工的配偶、子女、父母、祖父母、外祖父母、孙子女、外孙子女、兄弟姐妹。

所称子女,包括婚生子女、非婚生子女、养子女和有抚养关系的继子女,其中,婚生子女、非婚生子女包括遗腹子女。所称父母,包括生父母、养父母和有抚养关系的继父母。所称兄弟姐妹包括同父母的兄弟姐妹、同父异母或者同母异父的兄弟姐妹、养兄弟姐妹、有抚养关系的继兄弟姐妹。

因工死亡职工供养亲属享受抚恤金待遇的资格,由统筹地区社会保险经办机构核定。因工死亡职工供养亲属的劳动能力鉴定,由因工死亡职工生前单位所在地的市级劳动鉴定委员会负责。

因工死亡职工供养亲属范围内的人员,以依靠因其生前提供主要生活来源,并有下列情形之一的,可按规定申请供养亲属抚恤金:

(1)完全丧失劳动能力的。

(2)因工死亡职工配偶男年满60周岁、女年满55周岁的。

(3)因工死亡职工父母男年满60周岁、女年满55周岁的。

(4)因工死亡职工子女未满18周岁的。

(5)因工死亡职工父母均已死亡,其祖父、外祖父年满60周岁,祖母、外祖母年满55周岁的。

(6)因工死亡职工子女已经死亡或者完全丧失劳动能力,其孙子女、外孙子女未满18周岁的。

(7)因工死亡职工父母均已死亡或完全丧失劳动能力,其兄弟姐妹未满18周岁的。

41. 职工因工死亡后其近亲属可以享受什么抚恤待遇？

《工伤保险条例》规定，职工因工死亡，其近亲属按照下列规定从工伤保险基金领取丧葬补助金、供养亲属抚恤金和一次性工亡补助金：

（1）丧葬补助金为6个月的统筹地区上年度职工月平均工资。

（2）供养亲属抚恤金按照职工本人工资的一定比例发给由因工死亡职工生前提供主要生活来源、无劳动能力的亲属。标准为：配偶每月40%，其他亲属每人每月30%，孤寡老人或者孤儿每人每月在上述标准的基础上增加10%。核定的各供养亲属的抚恤金之和不应高于因工死亡职工生前的工资。

（3）一次性工亡补助金标准为上一年度全国城镇居民人均可支配收入的20倍。伤残职工在停工留薪期内因工伤导致死亡的，其近亲属享受上述第一项规定的待遇。一级至四级伤残职工在停工留薪期满后死亡的，其近亲属可以享受上述第一项、第二项规定的待遇。

第4章
安全教育培训

42. 农民工上岗前为什么必须进行安全教育培训?

工伤事故是劳动者和用人单位最不愿意看到的,但在劳动生产过程中却屡屡发生。它既给劳动者带来了痛苦,又给用人单位造成了损失。究其原因,很多事故是因缺乏岗前安全教育培训造成的。

为了保护劳动者在劳动过程中的健康和安全,相关法律法规都规定了用人单位必须对劳动者进行安全教育培训,明确规定用人单位在教育培训中使劳动者了解国家劳动安全卫生的有关政策法规、企业规章制度和与企业生产有关的安全知识。《劳动法》规定:用人单位必须建立健全劳动安全卫生制度,严格执行国家劳动安全卫生规程和标准，对劳动者进行劳动安全卫生教育，防止劳动过程中的事故，减少职业危害。从事特种作业的劳动者必须经过专门培训并取得特种作业资格。

用人单位必须重视新职工上岗前的安全教育培训，有权要求劳动者在生产过程中遵守各项安全操作规程及规章制度，有责任健全安全管理制度，加强检查监督。

这里需要提醒广大农民工朋友的是，当自己就职的单位未安排岗前培训而从事具有危险性和技术复杂的工作时，应当及时指出、提出建议，并有权拒绝上岗。

43. 安全教育包括哪些基本内容？

安全教育是一项为提高职工安全技术水平和防范事故能力而进行的教育培训工作。安全教育是有计划地向用人单位所有干部、新老职工进行思想政治教育，宣传安全生产方针政策和安全知识，通过典型经验和事故教训分析，使其不断认识和掌握生产过程中的危险有害因素和伤亡事故规律，是实现安全文明生产，全面提高用人单位素质的一个根本性的重要工作。

用人单位必须认真地对新职工进行安全生产的入厂、车间和班组三级安全教育（时间不得少于40学时），并且经过考试合格后，才能准许其进入操作岗位；对于从事特种作业的人员必须经过专门的安全知识与安全操作技能培训，并经过考核，取得特种作业资格，方可持证上岗；企业职工调整工作岗位或离岗一年以上重新上岗时，必须进行相应的车间级或班组级安全教育；企业在实施新工艺、新技术或使用新设备、新材料时，必须对有关人员进行相应的有针对性的安全教育。另外还明确规定，企业法定代表人和厂长、经理必须经过安全教育培训（时间不得少于40学时）；企业安全卫生管理人员必须经过120学时安全教育培训；其他管理人员不得少于24学时安全教育培训。

其中，三级安全教育是一种传统而有效的方式，其主要方法和内容如下：

（1）入厂级安全教育

对新入单位的职工在分配到车间或工作岗位之前，由本单位的安全生产管理部门进行初步的安全教育。教育内容主要包括本单位安全生产状况，国家有关安全生产的政策法规，本单位主要存在危险有害因素的岗位，一般的安全技术知识等。

（2）车间级安全教育

新职工分配到车间后，需要由车间进行安全教育。教育内容主要包括本车间的安全操作规程和应该重视的安全问题，车间内危险区域、有毒有害作业的情况和安全事项，本车间安全生产情况，以及安全生产的好、坏典型事例。

（3）班组级安全教育

指新职工进入工作岗位以前的安全教育，一般采用"以老带新"或"以师带徒"的方式。教育内容包括本工段、本班组、本岗位的安全生产状况、工作性质、职责范围，新职工从事岗位操作必要的安全知识和安全技能，各种机具设备及安全防护设备的性能、作用，个人劳动防护用品的使用和管理等。

44. 农民工应主动接受哪些安全教育？

现代企业管理都极为重视安全生产工作，而职工有义务接受用人单位安排的安全教育，也有权主动提出让用人单位安排相应的安全教育。对此，最好能在劳动合同中予以明确。

基本的安全教育通常有下列四种：

（1）认识教育，即重要性教育。

（2）厂规厂纪、安全制度、操作规程教育。

（3）事故防范知识、安全技能教育。

（4）消防及逃生自救、互救技能教育。

对此，农民工应首先了解国家的政策、法律、法规和企业安全生产责任制、安全规章制度及操作规程，认清违章指挥、违章作业、违反劳动纪律（"三违"）就是违法，同时要逐步提高对知法、守法、执法、护法重要性和违法危害性的认识，依法规范作业行为，自觉遵章守纪，抵制"三违"现象。其次要掌握了解劳动过程中的安全卫生知识和技能；各种设备、设施性能；作业的危险区域和安全技术；岗位作业注意事项；生产中使用的有毒有害原材料及可能接触的有毒有害物质的安全防护基础知识；危险环境中的个体防护知识；现场紧急救护方法及措施；劳动防护用品的正确使用和管理；排除设备故障的技能和采用的方法等。同时，应逐步了解安全管理的知识和方法，使劳动安全卫生知识和技能与安全管理融为一体。

45. 农民工进城务工之前应该接受的培训有哪些？

（1）基本技能和技术操作规程的培训

不同行业、不同工种、不同岗位的技能培训要求各不相同。基本技能和技术操作规程的培训可以使农民工掌握一定的技术技能，满足用工单位对农民工的基本作业能力要求。

（2）法律、法规知识的培训

进城务工之前，农民工需要具备一些基本的法律知识，学习了解如劳动法、劳动合同法、职业病防治法、安全生产法、治安管理处罚条例等，以增强农民工遵纪守法和利用法律维护自身合法权益的意识。

（3）安全常识和公民道德规范培训

这方面培训的内容包括职业安全健康、城市公共道德、职业道德、城市生活常识等，目的是增强农民工适应城市工作和生活的能力，养成良好的公民道德意识，树立建设城市、爱护城市、保护环境、遵纪守法、文明礼貌的社会风尚。

46. 为什么在职也要进行安全教育培训？

生产经营活动的复杂性和多样性决定了安全生产知识和安全生产技能要全面。要保障安全生产，农民工必须具备安全生产知识、技能以及事故预防和应急处理能力。而要达到这个目的，必须通过必要的安全生产教育培训。

农民工虽然参加了上岗前的培训，如果因为工作需要，后来又因用人单位的安排调换了工种，他们面临的将是新的岗位和新的环境，用人单位有责任对他们进行新的上岗前的培训。

在用人单位采用新工艺、新技术、新材料或者使用新设备时，除应采取有效的安全防护措施外，还必须对农民工进行专门的安全培训。

有关这方面的规定较多，如《中华人民共和国矿山安全法实施条例》规定：对调换工种和采用新工艺作业的人员，必须重新培训，经考试合格后，方可上岗作业。

《安全生产法》规定：生产经营单位采用新工艺、新技术、新材料或者使用新设备，必须了解、掌握其安全技术特性，采取有效的安全防护措施，并对从业人员进行专门的安全生产教育和培训。

《生产经营单位安全培训规定》规定：从业人员在本生产经营单位内调整工作岗位或离岗一年以上重新上岗时，应当重新接受车间（工段、区、队）和班组级的安全培训。生产经营单位实施新工艺、新技术或者使用新设备、新材料时，应当对有关从业人员重新进行有针对性的安全培训。

在职安全培训对于增强农民工安全意识，接受新的安全知识，提高安全生产技能具有十分重要的意义。因此，《中华人民共和国矿山安全法实施条例》规定：所有生产作业人员，每年接受在职安全教育培训的时间不少于20小时。职工安全教育培训期间，矿山企业应当支付工资。职工安全教育培训情况和考核结果，应当记录存档。由此可见，农民工必须参加的基本安全培训，包括上岗前的安全培训、调换工种和采用新技术的安全培训以及在职安全培训。上述法律法规对有关安全教育培训的规定说明：

（1）生产经营单位必须对农民工进行安全教育培训，这是法定的责任。

（2）生产经营单位在对农民工进行安全教育培训期间不得停发工资，不得收取参加教育培训职工的费用。

（3）应急管理部门负责对生产经营单位的安全教育培训工作进行监督检查。

农民工在了解上述有关规定后，要积极参加生产经营单位组织的安全教育培训。

47. 安全生产技术教育培训的基本要求有哪些？

安全生产技术教育培训的内容包括一般生产技术知识、一般安全生产技术知识和专业安全生产技术知识等。

（1）一般生产技术知识

一般生产技术知识是人们长期以来在生产经营活动中所积累起来的知识、技能和经验。其主要内容包括：生产经营单位的基本生产概况、生产技术过程、作业方法或工艺流程，与生产技术过程和作业方法相适应的各种机具设备的性能和使用知识，作业人员在生产中积累的操作技能和经验，以及产品的构造、性能、质量和规格等。

（2）一般安全生产技术知识

一般安全生产技术知识是生产经营单位所有从业人员都必须具备，主要包括以下内容：本单位的危险设备和区域及其安全防护的基本知识和注意事项，有关电气设备（如动力及照明等）的基本安全知识，起重机械和厂内机动车辆等特种设备的安全知识，生产中使用的有毒有害原材料或可能接触的有毒有害物质的安全防护基本知识，本单位一般消防制度和规则，劳动防护用品的正确使用以及伤亡事故报告办法等。

（3）专业安全生产技术知识

专业安全生产技术知识是指某一作业岗位的职工必须具备的专业的安全生产技术知识。对于这方面的教育培训比较专业和深入，主要内容包括安全生产技术知识、职业卫生技术知识，以及根据这些技术知识和经验制定的各种安全生产操作规程等，涉及锅炉、压力容器、起重机械、电气、焊接、防火防爆、防尘、防毒、噪声控制等专业。

48. 为什么要强调安全生产技能教育培训？

安全生产技能是指人们安全地完成作业的技巧和能力，包括作业技能、熟练掌握作业安全装置、设施的技能，以及在紧急情况下进行妥善处理的技能。

保证生产现场的安全，只靠操作人员具有安全技术知识还远远不够，还必须有进行安全作业的实践能力。知识教育只解决了"应知"的问题，而技能教育是着重解决"应会"的问题，以达到我们通常说的"应知应会"的要求。这种"能力"上的教育培训，无论是对作业人员还是用人单位更都具有实际意义，也是安全教育培训的侧重点。技能与知识不同，知识主要用头脑去理解，而技能要通过人体全部感官,并向手及其他器官发出指令,经过复杂的生物控制过程才能达到目的。为了使安全作业的程序形成条件反射固定下来,必须通过重复的相同的操作,才能熟练掌握要领,这要求安全生产技能的教育培训实施主要放在"现场教学"。实践中,应该由本岗位最出色的操作人员担任教师,在实际操作中给予新上岗职工个别指导,并督促、监护他们反复进行实际操作以达到熟练的程度。

49. 什么叫特种作业和特种设备操作?为什么特种作业和特种设备操作人员必须接受培训考核并持证上岗?

特种作业和特种设备操作是指容易发生事故,对操作者本人、他人的安全健康及设备、设施的安全可能造成重大危害的作业。

特种作业及特种设备操作人员在劳动生产过程中担负着特殊任务,所承担的风险较大,一旦发生事故,便会给生产经营活动、职工生命健康造成较大损失。因此,这类人员必须进行专门的安全技术知识培训和安全操作技术训练,并经严格的考核,考核合格并取得特种作业或特种设备操作资格证书后,方可上岗工作。

 **相关链接**

根据2010年7月1日起施行的《特种作业人员安全技术培训考核管理规定》(国家安全生产监督管理总局令第30号)

的特种作业目录，特种作业主要包括电工作业类3种、焊接与热切割作业类3种、高处作业类2种、制冷与空调作业类2种、煤矿安全作业类10种、金属非金属矿山作业类8种、石油天然气安全作业类1种、冶金（有色）生产安全作业类1种、危险化学品安全作业类16种、烟花爆竹安全作业类5种以及由国家相关部门认定的其他作业。

根据2011年7月1日起施行的《特种设备作业人员监督管理办法》（国家质量监督检疫检验总局令第140号），从事锅炉、压力容器（含气瓶）、压力管道、电梯、起重机械、客运索道、大型游乐设施、场（厂）内机动车辆等特种设备的作业人员及其相关管理人员统称特种设备作业人员。

血的教训

一天，某修建公司接到任务，更换化工设备料仓的下部分5米仓体，将仓体钢板更换为14毫米钢板，并采用搭接焊接方法施工。修建公司将此项工程交付该公司的安装分公司一队钳工三班。该班班长为了赶工期，擅自安排两名无证人员参加焊接作业。结果，新更换的仓体在开工后从环缝焊口处突然开裂，料仓及仓内约160吨的混合化工原料脱落，将班长在内的3名作业人员砸死。

焊接作业属于特种作业之一，从事该工作的人员必须经过安全技术培训考核，持证上岗。这起事故的原因是修建公司违章安排无证人员从事焊接作业,造成焊接质量低劣,最终发生人员伤亡事故。

50. 什么是"三不伤害""三违"和"四不放过"?

"三不伤害"是指"不伤害他人,不伤害自己,不被他人伤害"。开展"三不伤害"活动的核心和目的就是强化职工的安全生产意识,做到自觉遵守操作规程和劳动纪律。

"三违"是指"违章指挥、违章作业、违反劳动纪律"。据统计,70%以上的事故都是由于"三违"造成的,所以必须杜绝

"三违"以减少和预防事故的发生,保障劳动者的合法权益和生命安全。

一旦发生事故,对事故的处理要坚持"四不放过"的原则,即事故原因未查清楚不放过,事故责任者没有受到严肃处理不放过,广大职工群众没有受到教育不放过,整改措施没有落实不放过。

发生事故后,用人单位和职工应认真分析原因,组织检查、及时整改、排除隐患并采取防范措施,避免类似事故的再次发生。对事故责任者要追究责任、严肃处理。其他职工要从事故中吸取教训,加强安全意识,切忌抱着事故发生在别人身上,与己无关的冷漠态度。

第5章 工伤事故预防

51. 劳动防护用品有哪些？

劳动防护用品的种类很多，根据《劳动防护用品分类与代码》（LD/T 75—1995）的规定，我国实行以人体保护部位划分的分类标准，可分为头部防护用品、呼吸器官防护用品、眼（面）部防护用品、听觉器官防护用品、手部防护用品、足部防护用品、躯干防护用品、护肤用品、防坠落及其他防护用品九大类。

（1）头部防护用品，包括一般工作帽、安全帽、防尘帽、防静电帽等。

（2）呼吸器官防护用品，包括防尘口罩和防毒面罩等。

（3）眼（面）部防护用品，包括防护眼镜和防护面罩等。

（4）听觉器官防护用品，包括耳塞、耳罩和防噪声头盔等。

（5）手部防护用品，包括一般防护手套、防水手套、防寒手套、防毒手套、防静电手套、防高温手套、防 X 射线手套、防酸（碱）手套、防振手套、防切割手套、绝缘手套等。

（6）足部防护用品，包括防尘鞋、防水鞋、防寒鞋、防静电鞋、防酸（碱）鞋、防油鞋、炼钢鞋、防滑鞋、防刺穿鞋、电绝缘鞋、防振鞋等。

（7）躯干防护用品，包括一般防护服、防水服、防寒服、防砸背心、防毒服、阻燃服、防静电服、防高温服、防电磁辐射服、耐酸（碱）服、防油服、水上救生衣、防昆虫服、防风沙服等。

（8）护肤用品，可分为防毒护肤用品、防晒护肤用品、防射线护肤用品、防油漆护肤用品等。

（9）防坠落用品，包括安全带和安全网等。

52. 使用劳动防护用品要注意什么？

在工作场所必须按照要求佩戴和使用劳动防护用品。劳动防护用品是根据生产工作的实际需要发给个人的，每个职工在生产工作中都要好好地应用它，以达到预防事故、保障个人安全的目的。使用劳动防护用品要注意的问题有：

（1）应针对防护目的，正确选择符合要求的劳动防护用品，绝不能选错或将就使用。

（2）对使用劳动防护用品的人员应进行教育培训，使其能充分了解使用目的和意义，并正确使用。对于结构和使用方法较为复杂的劳动防护用品，如呼吸防护器，应进行反复训练，使人员能熟练使用。用于紧急救灾的呼吸器，要定期严格检验，并妥善存放在可能发生事故的地点附近，以方便取用。

（3）妥善维护保养劳动防护用品，不但能延长其使用期限，更重要的是能保证其防护效果。耳塞、口罩、面罩等用后应用肥皂、清水洗净，并用药液消毒、晾干。过滤式呼吸防护器的滤料要定期更换，以防失效。防止皮肤污染的工作服用后应集中清洗。

（4）劳动防护用品应由专人管理，负责维护保养，保证其能够充分发挥作用。

（5）职工所使用的劳动防护用品必须是由国家批准的、正规厂家生产的、符合国家标准的产品。

53. 什么是安全色？

所谓安全色，是指用以传递安全信息含义的颜色，包括红、蓝、黄、绿四种颜色。

（1）红色用以传递禁止、停止、危险或者提示消防设备、设施的信息，如禁止标志等。

（2）蓝色用以传递必须遵守规定的指令性信息，如指令标志等。

（3）黄色用以传递注意、警告的信息，如警告标志等。

（4）绿色用以传递安全的提示信息，如提示标志、车间内或工地内的安全通道等。

安全色普遍适用于公共场所、生产经营单位和交通运输、建筑、仓储等行业以及消防等领域所使用的信号和标志的表面颜色，但是不适用于灯光信号和航海、内河航运以及其他目的而使用的颜色。

对比色是指使安全色更加醒目的反衬色，包括黑、白两种颜色。

安全色与对比色同时使用时，应按表5-1规定搭配使用。

表5-1　　　　　　安全色的对比色

安全色	对比色
红色	白色
蓝色	白色
黄色	黑色
绿色	白色

54. 什么是安全标志?

安全标志是由安全色、几何图形和图形符号构成的,是用来表达特定安全信息的标记,分为禁止标志、警告标志、指令标志和提示标志四类。

禁止标志的含义是禁止人们的不安全行为。例如:

禁止吸烟　　　　禁止跨越　　　　禁止饮用

警告标志的含义是提醒人们对周围环境引起注意,以避免可能发生的危险。例如:

注意安全　　　　当心火灾　　　　当心触电

指令标志的含义是强制人们必须作出某种动作或采取防范措施。例如:

必须戴防尘口罩　　必须戴安全帽　　必须系安全带

提示标志的含义是向人们提供某种信息(如标明安全设施或场所等)。例如:

紧急出口　　　避险处　　　可动火区

安全标志一般设在醒目的地方，人们看到后有足够的时间来注意它所表示的内容。不能设在门、窗、架子等可移动的物体上，因为这些物体位置移动后安全标志就起不到作用了。

对比色使用时，黑色用于安全标志的文字、图形符号和警告标志的几何图形；白色作为安全标志红、蓝、绿色的背景色，也可用于安全标志的文字和图形符号；红色和白色、黄色和黑色间隔条纹，是两种较醒目的标示；红色与白色交替，表示禁止越过，如道路及禁止跨越的临边防护栏杆等；黄色与黑色交替，表示警告危险，如防护栏杆、吊车吊钩的滑轮架等。

55.电气事故预防措施有哪些？

（1）防止接触带电部件

防止人体与带电部件的直接接触，从而防止电击，采用绝缘、屏护和安全间距是最为常见的安全措施。

1）绝缘。即用不导电的绝缘材料把带电体封闭起来。这是防止直接触电的基本保护措施，但要注意绝缘材料的绝缘性能与设备的电压、载流量、周围环境、运行条件等相符合。

2）屏护。即采用遮栏、栅栏、护罩、护盖、箱闸等把带电体同外界隔离开来。此种屏护用于电气设备不便于绝缘或绝缘不足以保证安全的场合，是防止人体接触带电体的重要措施。

3）安全间距。为防止人体触及或接近带电体，防止车辆等物体碰撞或过分接近带电体，在带电体与带电体、带电体与地面、带电体与其他设备、设施之间，都应保持一定的安全间距。安全间距的大小与电压高低、设备类型、安装方式等因素有关。

（2）防止电气设备漏电伤人

保护接地和保护接零，是防止电气设备漏电伤人的基本技术措施。

1）保护接地。即将正常运行的电气设备易漏电的金属部分和大地紧密连接起来。其原理是通过接地把漏电设备的对地电压限制在安全范围内，防止人员触电事故。保护接地适用于中性点不接地的电网中，电压高于1千伏的高压电网中的电气装置外壳也应采取保护接地。

2）保护接零。在380/220伏三相四线制供电系统中，把用电设备在正常情况下不带电的金属外壳与电网中的零线紧密连接起来。其原理是在设备漏电时，电流经过设备的外壳和零线形成单相短路，短路电流烧断熔丝或使低压断路器跳闸，从而切断电源，消除触电危险。保护接零适用于电网中性点接地的低压系统中。

（3）采用安全电压

根据生产和作业场所的特点，可参考《特低电压(ELV)限值》（GB/T 3805—2008）采用相应等级的安全电压，根据作业场所、操作员条件、使用方式、供电方式、线路状况等因素选用，是防止发生触电伤亡事故的根本性措施。安全电压有一定的局限性，适用于小型电气设备如手持电动工具等。

（4）漏电保护装置

漏电保护装置又称触电保护器，在低压电网中发生电气设备及线路漏电或触电时，它可以立即发出报警信号并迅速自动切断电源，从而保护人身安全。漏电保护装置按动作原理可分为电压型、零序电流型、泄漏电流型和中性点型四类，其中电压型和零序电流型两类应用较为广泛。

（5）合理使用防护用具

在电气作业中，合理匹配和使用绝缘防护用具，对防止触电事故、保障操作人员在生产过程中的安全健康具有重要意义。绝缘防护用具可分为两类：一类是基本安全防护用具，如绝缘棒、绝缘钳、高压验电笔等；另一类是辅助安全防护用具，如绝缘手套、绝缘（靴）鞋、橡皮垫、绝缘台等。

（6）安全用电组织措施

防止触电事故的技术措施十分重要，组织管理措施也必不可少。其中包括制订安全用电措施计划和规章制度，进行安全用电检查、教育培训，组织事故分析，建立安全资料档案等。

56. 安全用电常识有哪些？

（1）安全用电

总结安全用电经验和以往事故教训，作业人员必须掌握一些安全用电常识。

1）电气操作属特种作业，操作人员必须经安全技术培训考核，持证上岗。

2）车间内的电气设备，不得随便乱动。如电气设备出了故障，应请电工修理，不得擅自修理，更不得带故障运行。

3）经常接触和使用的配电箱、配电板、刀开关、按钮、插座、插销以及导线等，必须保持完好、安全，不得有破损或使带电部分裸露。

4）在操作刀开关、电磁启动器时，必须将盖盖好。

5）电气设备的外壳应按有关安全规程进行防护性接地或接零。

6）使用手电钻、电砂轮等手用电动工具时，必须安设漏电保护器，同时工具的金属外壳应防护接地或接零；操作时应戴好绝缘手套和站在绝缘板上；不得将重物压在导线上，以防止轧破导线发生触电。

7）使用的行灯要有良好的绝缘手柄和金属护罩。

8）在进行电气作业时，要严格遵守安全操作规程，遇到不清楚或不懂的事情，切不可不懂装懂、盲目乱动。

9）一般来说应禁止使用临时线，必须使用时，应经过安全技术部门批准，并采取安全防范措施，要按规定时间拆除。

10）进行容易产生静电火灾、爆炸事故的操作时（如使用汽油洗涤零件、擦拭金属板材等）必须有良好的接地装置，及时消除聚集的静电。

11）移动某些非固定安装的电气设备，如电风扇、照明灯、电焊机等，必须先切断电源。

12）在雷雨天，不可走进高压电杆、铁塔、避雷针的接地导线方圆20米范围以内，以免发生跨步电压触电。

13）发生电气火灾时，应立即切断电源，用黄沙、二氧化碳等灭火器材灭火。切不可用水或泡沫灭火器扑灭电气火灾，因为它们有导电的危险。

（2）手持电动工具安全使用

1）辨认铭牌，检查工具或设备的性能是否与使用条件相适应。

2）检查其防护罩、防护盖、手柄防护装置等有无损伤、变形或松动。不得任意拆除机械防护装置。

3）检查电源开关是否失灵、是否破损、是否牢固，接线有无松动。

4）检查设备的转动部分是否灵活。

5）电源线应采用橡皮绝缘软电缆：单相用三芯电缆、三相用四芯电缆；电缆不得有破损或龟裂、中间不得有接头；电源线与设备之间防止拉脱的紧固装置应保持完好。设备的软电缆及其插头不得任意接长、拆除或调换。

6）Ⅰ类设备应有良好的接零（或接地）措施。使用Ⅰ类手持电动工具应配合使用绝缘用具或采取电气隔离及其他安全措施。

7）绝缘电阻应合格，带电部分与可触及导体之间的绝缘电阻，Ⅰ类设备不低于2兆欧、Ⅱ类设备不低于7兆欧。长期未使用的设备，在使用前必须测量绝缘电阻。

8）根据需要装设漏电保护装置或采取电气隔离措施。

9）非专职人员不得擅自拆卸和修理手持电动工具。Ⅱ类和Ⅲ类手持电动工具修理后，不得降低原设计确定的安全技术指标。

10）用毕及时切断电源，并妥善保管。

11）作业人员使用手持电动工具时，应穿绝缘鞋、戴绝缘手套，操作时握其手柄，不得利用电缆提拉。

12）手持电动工具应配备装有专用电源开关和漏电保护器的开关箱，严禁一台开关接两台以上的设备，其电源开关应采用双刀控制。

案例

（1）事故经过

某日，湖北省某制造厂生产调度室安排动力外线班拆除停用的一条动力线，动力外线班班长王某带着徒工张某一同执行任务。来到要拆除动力线的地点后，班长王某骑跨在天窗端墙沿上，解横担上第二根动力线时，随着身体移动，其

农民工工伤预防知识

头部进入上方10千伏高压线区间，突然发生电击，王某被击倒，因未系安全带，从12米高的窗沿上坠落地面。事故发生后，同事们急忙将王某送往医院抢救，但是因其颅内出血经抢救无效死亡。

（2）事故教训

事故发生后，在对事故现场的勘查中发现，要拆除的动力线距10千伏高压线只有0.7米，小于有关规程规定的1.2米的安全距离。造成这起事故的直接原因：一是王某在作业时麻痹大意，没有断开上方10千伏高压电。二是在高处作业应按规定系安全带，但是王某没有系，并因此造成坠落死亡。造成事故的间接原因：一是动力线在架设时不合理，距离高压线过近。二是该厂安全教育存在问题，职工的安全意识和遵章守纪意识差，严重违章冒险作业。三是王某在作业时，在下方监护人员是一名上班才两个月的徒工，不具备工作监护资格。

正是由于麻痹大意以及一系列的违章造成了这起事故。

57. 机械事故预防措施有哪些？

要保证机械设备不发生工伤事故，不仅机械设备本身要符合安全要求，而且更重要的是要求操作者严格遵守安全操作规程。机械设备的安全操作规程因其种类不同而内容各异，但基本安全守则包括以下几点：

（1）必须正确穿戴劳动防护用品。操作人员在穿着方面，该穿戴的必须穿戴，不该穿戴的就一定不要穿戴。例如：机械加工作业时要求女工戴工作帽，如果不戴就可能将较长的头发绞进去；同时要求不得戴线手套，如果戴了，机械的旋转部分就可能将手套绞进去而伤害手臂。

（2）操作前要对机械设备进行安全检查，而且要空车运转一下，确认正常后，方可投入运行。

（3）机械设备在运行中要随时按规定进行安全检查，特别是检查紧固的物件是否由于振动而松动，做好重新紧固的准备。

（4）机械设备严禁带故障运行，千万不能图省事凑合使用，以防出事故。

（5）机械设备的安全装置必须按要求正确调整和使用，不准将其拆掉不用或停用。

（6）机械设备使用的刀具、工夹具以及加工的零部件等一定要装卡牢固，不得松动。

（7）机械设备在运转时，严禁直接用手调整，也不得直接用手测量零部件，或进行润滑、清扫杂物等工作。如必须进行时，应首先关停机械设备。

（8）机械设备运转时，操作者不得离开工作岗位，以防发生问题时得不到处置。

（9）工作结束后，应关闭开关。把刀具和工件从工作位置退出，并清理好工作场地，将零部件、工夹具等摆放整齐，打扫好机械设备的卫生。

 案例

（1）事故经过

某日下午，河北省某机械厂机加工车间，钳工黄某在操作摇臂钻床加工汽车发动机缸体平衡轴孔，由于急于完成任务，贪快赶工，竟然违章操作，不停车直接装夹工件。15时25分左右，黄某在装夹工件时，由于注意力不够集中，插定销的左手的衣袖被转速为200转/分的钻头绞住，而且越绞越上移，直至颈部，黄某大声呼救。工段长陆某听见叫喊声，马上跑过来切断钻床电源。接着，该车间职工何某、魏某也急跑过来，用手反转主轴把钻头卸下，同时将黄某解脱下来，并立即将其送往附近医院急救，但由于黄某伤势严重，最终抢救无效死亡。

（2）事故原因

事故发生后，厂安委会组织事故调查组，对这起事故进行了认真的调查和分析。

造成这起事故的直接原因：黄某在操作摇臂钻床时，违反该厂的机械安全操作规程中关于机床工的一般安全规程规定，即调整机床速度、行程、装夹工件和刀具，以及擦拭机床时都要停车进行。黄某违章操作被麻花钻绞着衣袖以致扭伤左上肢及颈部，造成颈椎骨折，重伤致死亡。

造成事故的间接原因：工厂、车间对职工的关心不够，安全教育培训不力，监督检查不到位。车间领导对职工的思想问题没有做到"落叶知秋"的洞察，因而工人违章，带着思想情绪上岗问题没有得到及时制止和解决，直至酿成事故。

（3）事故教训

黄某40多岁，在钳工岗位已经工作了4年，工作经验丰富，但性格内向，不善与人沟通。发生事故的前1天，黄某因家庭经济问题没有得到妥善解决而带着情绪和沉重的思想包袱上班，整天闷闷不乐，只埋头干活。

这起事故的启示：工作中一定要情绪稳定，不能因个人的烦心事、琐碎事影响注意力，否则极易发生事故。安全工作如绣花，一针一线不能差。血的教训告诉我们，在生产劳动过程中除注意力要高度集中（即精心操作）外，还要严格遵守安全操作规程，否则事故迟早会发生在自己身上。

事故之后，事故单位采取了如下整改措施：

一是在安全教育培训中引入情感教育，使广大职工认识到"要我安全"是爱护，"我要安全"是觉悟，自觉遵守安全生产法律法规和操作规程。通过"安全百日无事故"劳动竞赛活动，建立全员、全过程、全方位的安全生产责任制，并形成一个人人讲安全，时时事事注意安全的氛围。

二是进行班组安全员的培训，提高班组安全员的素质，调动班组安全员的主观能动积极性，发挥他们的安全把关作用。定期按工种进行安全技术培训，提高操作者的安全技术素质。

三是进一步强化班组现场安全管理，开展班组"三查"（即班前查、班中查、班后查）制度和执行"个人保班组、班组保车间、车间保全厂"的"三保"制度，及时发现和消除事故隐患。

58. 机械设备的安全要求有哪些？

（1）机械设备的基本安全要求

1）机械设备的布局要合理，应便于操作人员装卸工件、加工观察和清除杂物，同时也应便于维修人员的检查和维修。

2）机械设备零部件的强度、刚度应符合安全要求，安装应牢固，以免发生故障。

3）机械设备根据有关安全要求，必须装设合理、可靠、不影响操作的安全装置。例如：

①对于做旋转运动的零部件应装设防护罩或防护挡板、防护栏杆等安全防护装置，以防发生绞伤。

②对于超压、超载、超高温、超长时间运转、超行程等易发生危险事故的零部件，应装设保险装置，如超负荷限制器、行程限制器、安全阀、温度继电器、时间继电器等，以便当危险情况发生时，保险装置可发生作用而排除险情，防止事故的发生。

③对于某些操作需要对人们进行警告或提醒注意时，应安设报警信号装置或警告牌等，如电铃、扬声器、蜂鸣器等声音信号，还有各种灯光信号、警告标志牌等。

④对于某些动作顺序不能搞颠倒的零部件应装设联锁装置。即某一动作，必须在前一个动作完成之后才能进行，否则就不可能继续操作。这样就保证了不致因动作顺序搞错而发生事故。

4）每台机械设备应根据其性能、操作顺序等制定出安全操作规程和检查、润滑、维护等安全制度，并严格要求操作者遵守。

（2）机械设备电气装置的安全要求

1）供电的导线必须正确安装，不得有任何破损的地方。

2）电动机绝缘应良好，其接线板应有盖板防护，以防人身直接接触。

3）开关、按钮等应完好无损，其带电部分不得裸露在外。

4）应有良好的接地或接零装置，连接的导线要牢固，不得有断开的地方。

5）局部照明灯应使用36伏的电压，禁止使用110伏或220伏电压。

（3）机械设备的操纵手柄以及脚踏开关等安全要求

1）重要的手柄应有可靠的定位及锁紧装置，同轴手柄应有明显的长短差别。

2）手轮在设备启动后应能与转轴脱开，以防随轴转动打伤人员。

3）脚踏开关应有防护罩或藏入设备的凹入部分内，以免掉下的零部件落到开关上，启动机械设备而伤人。

（4）机械设备作业现场的要求

机械设备的作业现场要有良好的环境，即照度要适宜，湿度与温度要适中，噪声和振动要控制在标准范围内，零部件、工夹具等要摆放整齐。这样才能够促使操作者心情舒畅、专心操作。

59. 焊接、切割事故预防措施有哪些？

（1）焊炬和割炬的安全操作要求

1）按照工件厚薄，选用一定大小的焊炬、割炬。然后按焊炬、割炬的喷嘴大小，确定氧气和乙炔的压力和气流量。

2）喷嘴与金属板不能相碰。

3）喷嘴堵塞时，应将喷嘴拆下，用捅针由内向外捅开。

4）注意垫圈和各环节的阀门等是否漏气。

5）使用前应将皮管内的空气排除，然后分别开启氧气和乙炔阀门，检查确认畅通后才能点火试焊。

6）焊炬、割炬的各部分不得沾有油脂。

7）如焊炬、割炬喷嘴的温度超过了400 ℃，应停止作业及时用水冷却。

8）点火时应先开启乙炔阀门，点着后再开启氧气阀门。这样做的目的是放出乙炔与空气的混合气体，便于点火和检查乙炔是否畅通。

9）乙炔阀门和氧气阀门如有漏气现象，应及时修理。

10）使用前，在乙炔管道上应装设回火防止器。

11）离开工作岗位时，禁止把燃着的焊炬、割炬放在操作台上。

12）交接班或停止焊接时，应关闭氧气和回火防止器阀门。

13）皮管要专用，乙炔管和氧气管不能对调使用。皮管要有标记以便区别，乙炔皮管一般用绿色氧气皮管一般用红色。

14）发现皮管冻结时，应用温水或蒸汽解冻，禁止用火烤，严禁用氧气去吹乙炔管道。

15）氧气、乙炔用的皮管不要随便乱放，管口不要紧贴地面，以免进入泥土和杂质发生堵塞。

（2）焊接、切割作业中回火现象的防止

所谓回火，是指可燃混合气体在焊炬、割炬内燃烧，并以很快的燃烧速度向可燃气体导管里蔓延扩散的一种现象，其结果可以引起设备燃烧、爆炸事故。

为防止回火，在操作过程中应做到：焊炬、割炬不要过于接近熔融金属，焊、割嘴不能过热或被金属熔渣等杂物堵塞，焊炬、割炬阀门必须严密，以防氧气倒回乙炔管道，乙炔发生器阀门不能开得太小；如果发生回火，要立即关闭乙炔发生器和氧气阀门，并将胶管从乙炔发生器或乙炔气瓶上拔下；如乙炔气瓶内部已燃烧（白漆皮变黄、起泡），要用自来水降温灭火。

（3）焊补旧容器的安全要求

焊补储存过汽油、煤油、松香、烧碱、硫黄、甲苯、香蕉水、酒精等物质的容器，以及冻结或封闭的管段或停用很久的乙炔发生器桶体等，必须根据具体情况，严格遵守下列安全要求：

1）被焊物必须经过反复多次清洗。

2）将被焊物所有的孔盖打开。

3）乙炔管道、回火防止器如果是安装在坑道里面、加盖的明沟下或者地坑的井沟内，由于这些部位易保留有滞留的乙炔和空气混合气，所以在动火作业前，一定要切断气源，探明有无易燃、易爆混合气存在。

4）作业中还必须考虑到操作人员的行动有无障碍，必须有人监护。

5）当班动火作业未能完工，下一班或次日再动火时，必须重新检查，并采取安全措施。

6）探查有无易燃、易爆混合气体存在时，探查人员应做好应急处置工作。

7）操作人员严禁站在动火作业容器的两端。

8）焊补作业结束，严禁急于把易燃物装进容器，否则有着火爆炸的危险。

9）为了保证安全，可以把被焊容器灌满水或充满氮气后再点火焊补。

（4）高处或室内焊接、切割作业安全要求

1）高处焊接、切割作业的安全要求。高处焊接、切割作业时除必须严格遵守登高作业安全操作规程外,还必须防止火花落下或飞溅,风力很大时应停止高处作业。如果高处焊接、切割作业下方有易燃、可燃物时,应移开或者用水喷淋。如有可燃气体管道,应用湿麻袋、石棉板等隔热材料覆盖。禁止用盛装过易燃、易爆物质的容器作为登高垫脚物。焊接设备应远离动火作业点,并由专人看管。如在楼上作业,应防止火星沿一些孔洞和裂缝落到下面,落下的熔热金属要妥善处理。

电焊机与高处焊补作业点的距离要大于10米,电焊机应由专人看管,以备紧急时立即拉闸断电。

2)室内焊接、切割作业的安全要求。在密闭室内作业时,必须将作业场所的内外情况调查清楚,乙炔发生器、氧气瓶、电焊机均不准放在动火焊接、切割的室内。进行焊接、切割作业时,作业场所必须干燥,要严格检查电气绝缘防护装备是否符合安全要求,并禁止把氧气通入室内用于调节作业场所的空气。凡在易燃、易爆车间动火焊补,或者采用带压不置换动火法,或在容器管道裂缝大、气体泄漏量大的室内焊补时,必须分析动火点周围不同部位滞留的可燃气体的含量,确保安全可靠时才能施焊。

在焊接时,应打开门窗自然通风,必要时采用机械通风,以降低可燃气体的浓度,防止形成可燃性混合气体。

(5)气焊过程中发生事故的应急措施

1)当焊炬、割炬的混合室内(枪内)发出"嘶嘶"声时,应立即关闭焊炬、割炬上的阀门,稍停后,开启氧气阀门,将混合室的烟灰吹掉,恢复正常后再使用。

2)乙炔皮管爆炸燃烧时,应立即关闭乙炔气瓶或乙炔发生器的总阀门或回火防止器上的输出阀门,切断乙炔的供给。

3)乙炔气瓶的减压器爆炸燃烧时,应立即关闭乙炔气瓶的总阀门。

4)氧气皮管燃烧爆炸时,应立即关紧氧气瓶总阀门,同时把氧气皮管从氧气减压器上取下。

5)换电石时,发气室若发生着火爆炸事故,应采取如下应急处理方法:

①中压乙炔发生器的发气室着火,应立即用二氧化碳灭火器灭火,或者将加料口盖紧以隔绝空气。

②横向加料式乙炔发生器的发气室着火爆炸且把加料口对面或上方的卸压膜冲破时,最好用二氧化碳灭火器灭火。如不能及时找到灭火器,则要尽量使电石与水脱离接触,以停止产气或把电

石篮取出，使电石尽快脱离发气室。

6）当发现发气室的温度过高时，应立即使电石与水脱离接触以停止产气，并采取必要的措施使温度降下来。等温度降下来之后，才能打开加料口压盖，否则，空气从加料口进入遇高温就会发生燃烧、爆炸事故。

7）如枪嘴堵塞又忘记关闭乙炔与氧气阀门，或因其他原因使氧气倒入乙炔皮管和发生器内时，都应立即关闭氧气阀门，并设法把乙炔皮管和乙炔发生器内的乙炔和氧气混合气体放净，然后才能点火，否则会发生爆炸事故。

8）浮桶式乙炔发生器如因浮桶漏气等原因在漏气处着火时，严禁拔浮桶，也不要堵漏气处，一般的处理办法是将浮桶立即蹬倒。

（6）乙炔发生器的使用安全要求

1）操作人员必须经过安全教育培训，熟练地掌握乙炔发生器设备的安全操作规程和防火防爆知识，并经考核合格，取得安全操作资格证后，方可上岗作业。

2）禁止在超负荷或超过最高工作压力和供水不足的条件下使用乙炔发生器。

3）乙炔发生器的安放位置与明火、散发火花点以及高压电源线的距离应保持在5米以上。

4）乙炔发生器和回火防止器在冬季使用时，如发生冻结，只允许用温水或蒸汽加热解冻，禁止用明火或者用烧红的烙铁加热，更不准用容易产生火花的金属物体敲击。

5）乙炔着火宜采用干黄沙、二氧化碳灭火器或干粉灭火器灭火，禁止用水、泡沫灭火器或四氯化碳灭火剂灭火。

6）一台乙炔发生器要配制两把以上焊枪、割枪使用时，每把焊枪、割枪都必须配置一个回火防止器，禁止共同使用一个回火防止器。使用时要严格检查，保证其安全可靠。

7）使用乙炔气时，当管路中压力下降过低时，应及时关闭焊炬、割炬，严禁用氧气抽吸乙炔气，以免造成负压导致乙炔发生器发生爆炸事故。

8）乙炔发生器所使用的电石尺寸应符合标准，严禁将尺寸小于2毫米及大于80毫米的电石装入料斗。排水式（移动式）乙炔发生器使用的电石尺寸应在25~80毫米范围之内；滴水式乙炔发生器和大型投入式乙炔发生器使用的电石尺寸应控制在8~80毫米。

9）乙炔发生器每次装完电石后，使用前应将发生器内留存的混合气体（乙炔与空气）排出，使用时，装足规定的水量，及时排出发气室积存的灰渣。

（7）乙炔气瓶在使用、运输和储存过程中的安全要求

1）乙炔气瓶在使用时应防止瓶内的活性炭下沉，禁止敲击、碰撞和剧烈振动。另外，要防止受高温影响、漏气、丙酮渗漏、接触有害杂质等。

2）乙炔气瓶在运输时应严禁拖动、滚动，用小车运送时，要做到轻装轻卸。乙炔气瓶必须直放装车，严禁横向装运，并严禁暴晒、遇明火，禁止和化学性质互相反应的物质混放。还要严禁与氧气瓶、氯气瓶等以及可燃、易燃物品同车运输。

3）乙炔气瓶不准储存在地下室或半地下室等比较密闭的场所，

不准与氧气瓶、氯气瓶等同库储存。乙炔气瓶的储存量不得超过5瓶，超过5瓶时，应采用不燃材料或难燃材料将其隔成单独的储存间；超过20瓶时，应建造乙炔气瓶仓库，在仓库的醒目地方应设置警示标志。

（8）氧气瓶使用的安全要求

1）不得与其他气瓶混放，不准将氧气瓶内的气体全部用光。在高温天气要防止暴晒，寒冷天气时严禁用明火烘烤。氧气瓶与焊枪、割枪、明火等之间的距离不应小于5米，与暖气管、暖气片应保持不小于1米的安全距离。氧气瓶不准沾染油脂，在使用时可垂直或卧放，但均要固定。氧气瓶使用后要关紧阀门，拆下氧气减压表，严防氧气用完后既没有关闭阀门，又未拆下减压表而造成乙炔倒灌进入氧气瓶内。

2）氧气瓶的阀门严禁加润滑油，严禁用户私自调换防爆片，运输、储存中必须佩戴上专用安全帽，并定期检查。

3）安装氧气减压器之前，要略微打开氧气瓶阀门吹除污物，氧气瓶阀喷嘴不能朝向人体方向。在开启氧气瓶阀门前，先要检查调节螺钉是否松开，对于满瓶的氧气瓶阀门不能开得太大，以防止氧气进入高压室时产生压缩热，引燃阀内的胶垫圈。减压器与氧气瓶阀处的接头螺钉要旋紧，并用扳手紧固。氧气减压器外表涂蓝色，乙炔减压器外表涂白色，两种减压器严禁相互换用。减压器内外均不准沾有油脂，调节螺钉不准加润滑油。

（9）电弧焊作业安全要求

1）为了防止发生触电事故，电弧焊所用的工具必须安全绝缘，所用设备必须有良好的接地装置，工人应穿绝缘胶鞋，戴绝缘手套。如需要照明,应该使用36伏的安全电压照明灯。

2)为了防止焊接过程中发生火灾,电弧焊现场附近不能有易燃、易爆物品,如电弧焊和气焊在同一地点使用,则电弧焊设备和气焊设备、电缆和气焊胶管都应分开放置,相互间最好有5米以上的安全距离。

3)为了防止电弧焊作业中的辐射伤人,作业人员都必须戴防护面罩、穿防护服。

4)电焊机空载电压应为60~90伏。

5)电弧焊设备应使用带熔丝的电源刀闸,并应装在密闭箱中。

6)电弧焊设备使用前必须仔细检查其一、二次导线绝缘是否完整,接线是否良好。

7)电弧焊设备与电源接通后,人体严禁接触带电部分。

8)在室内或露天现场施焊时,必须在周围设挡光屏,以防弧光伤害作业人员的眼睛。

9)焊工必须正确使用有合适滤光板的面罩、干燥的帆布工作服、手套、橡胶绝缘和白光焊接防护眼镜等劳动防护用品。

10)绝缘软线的长度不得小于5米,施焊时软线不得搭在身上,地线不得踩在脚下。

11)严禁在起吊部件的过程中,边吊边焊。

12)施焊完毕应及时拉开电源刀闸。

60. 焊工的安全要求有哪些?

(1)焊工应遵守的"十不焊、割"的规定

1）焊工未经安全技术培训、考核合格,并领取作业资格证,不能焊、割。

2）在重点要害部门和重要场所未采取措施,未经单位有关领导、车间、安全、保卫部门批准并办理动火证手续,不能焊、割。

3）在容器内工作,没有12伏低压照明和通风不良及无人在场监护,不能焊、割。

4）未经领导同意,在车间、部门擅自拿来的物件,在不了解其使用情况和构造的情况下,不能焊、割。

5）盛装过易燃、易爆气体(固体)的容器或管道,未经用碱水等彻底清洗和处理消除火灾、爆炸危险的,不能焊、割。

6）用可燃材料充当保温层或隔热、隔音设备,未采取切实可靠的安全措施,不能焊、割。

7）有压力的管道或密闭容器,如空气压缩机、高压气瓶、高压管道、带气锅炉等,不能焊、割。

8）作业场所附近有易燃、易爆物品,未清除或未采取安全措施,不能焊、割。

9）在禁火区内(防爆车间、危险品仓库附近)未采取严格隔离等安全措施,不能焊、割。

10）在一定距离内,有与焊、割明火操作相抵触的作业(如在汽油擦洗、喷漆、灌装汽油等作业过程中会排出大量易燃气体),不能焊、割。

（2）焊接作业的个人防护措施

1）焊接作业的个人防护措施主要是对头、面、眼睛、耳、呼吸道、手、躯体等部位的防护,主要有防尘、防毒、防噪声、防高温辐射、防放射性辐射、防机械外伤和防脏污等。从事焊接作业时,操作人员除应穿戴一般防护用品(如工作服、手套、眼镜、口罩等)外,针对特殊作业场合,还应佩戴空气呼吸器(用于密闭容器和不易解决通风的特殊作业场所的焊接作业),防止烟尘危害。

2)对于剧毒场所紧急情况下的抢修焊接作业,应佩戴隔绝式氧气呼吸器,防止急性中毒事故的发生。

3)为保护焊工眼睛不受弧光伤害,焊接时必须使用镶有特别防护镜片的面罩,并按照焊接电流强度的不同选用不同型号的滤光镜片。同时,也要考虑焊工视力情况和焊接作业环境的亮度。

4)为防止焊工的皮肤受电弧的伤害,焊工宜穿浅色或白色帆布工作服。同时,工作服袖口应扎紧,扣好领口,皮肤不要外露。

5)对于焊接辅助工和焊接作业地点附近的其他工作人员,工作时要注意相互配合，辅助工要戴颜色深浅适中的滤光镜。在多人作业或交叉作业场所从事电焊作业，要采取保护措施，设防护遮板，以防止电弧光伤害焊工及其他作业人员的眼睛。

6）接触钍钨棒后应以流动水和肥皂洗手，并注意经常清洗工作服及手套等，戴隔声耳罩或耳塞，防护噪声危害。

（3）焊接、切割作业完成后应进行的安全工作

焊接、切割作业中的火灾、爆炸事故，有些往往发生在施工的结尾阶段，或在作业结束后。因此，应做好焊接、切割后的安全工作。

1）坚持施工后期阶段的防火、防爆措施。在焊接、切割作业已经结束、安全设施已经撤离后，若发现某一部位还需要进行一些较少工作量的焊、割作业时，绝不能麻痹大意，要坚持焊接、切割工作安全措施不落实，绝不动火作业。

2）对各种设备、容器进行焊接后，要及时检查焊接质量是否达到要求，对漏焊、假焊等缺陷应立即修补好。

3）焊接、切割作业结束后，必须及时彻底清理现场，清除遗留下来的火种，关闭电源、气源，把焊、割炬安放在安全的地方。

4）焊接、切割作业场所往往会留下不容易被发现的火种，因此，除了作业后要进行认真检查外，下班时要主动向保卫人员或下一班作业人员交代清楚有关情况，以便加强巡逻检查。

5）焊工所穿的衣服下班后要彻底检查，看是否有阴燃的情况。有一些火灾是由焊工穿过的衣服挂在更衣室内，经几小时阴燃后引起的。

案例

(1) 事故经过

某日,某船舶修理厂的船坞内,一艘由股份合作企业建造的钢质渔船正在修理,整个船体被条石和枕木垫起,距离地面约0.8米。船的甲板上放着两台非常破旧的交流电弧焊机,由同一把电源闸刀供电。两台焊机的电源接线桩均已损坏,电源线直接接入焊机内部线圈绕组的出线端;两台焊机的输出电缆线均多处破损,两条接地回线接在船舷的同一点,焊机及船体无其他接地或接零措施。在船尾部立着一根镀锌钢管和一根发锈的40毫米×4毫米的角钢,一端靠在船体上,另一端插入地面,用于支撑准备对船体进行去锈油漆作业时使用的踏板。焊接现场距离变压器20米。

7时30分,无证焊工许某像往常一样利用其中一台焊机在甲板上对船体进行焊接作业,股东之一的李某在船尾准备去锈作业,当他的手握住靠在船尾的角钢时,当即触电,后退几步后倒在甲板上,经现场抢救无效死亡。在此前,也有人在触及角钢时有电麻感,但都认为是感应电而被忽视。

(2) 事故原因

经现场勘查和测试分析,认为这完全是一起电焊机空载电压引起的触电事故。国家标准明确规定交流电弧焊机的空载电压不得超过85伏,直流电弧焊机不得超过90伏。但是,电弧焊机输出电源存在特殊性,它与普通照明、动力用电源有本质区别,其输出电源的电压与输出电流之间存在一个陡降的外特性关系,即在焊接引弧时,输出的电压即空载电压较高,而电流较小;当电弧燃烧稳定时,输出电压会迅速降低,而电流急剧增大。因此,只要空载电压存在,且能形成回路,就会出现强大电流。也就是说,在焊接过程中一旦触及空载电压,就很容易致人触电死亡。

(3)事故教训

在电焊时要注意以下事项:

1)严格按照电弧焊机的安全操作规程操作。焊前应检查电弧焊机和工具是否完好,如焊钳和电缆绝缘,外壳接地情况,各接线是否牢固可靠等;接线应请专业电工进行,焊工应持证上岗。

2)在电弧焊机上要安装使用空载自动断电保护装置,这样既可避免空载电压触电危险,又可节省空载电耗。

3)按规定采取保护接地或接零措施。在与大地隔离或接地不良的焊件上焊接时,应注意防止在焊件与大地之间形成跨步电压触电。

4)当利用系统管道、厂房的金属构架、轨道或其他金属物搭接作为焊接接地回线时,要首先检查电弧焊机二次线圈或上述接地回线系统等是否接地良好,否则行人触及接地回线系统时,就有可能造成触电事故。

5)在通电的情况下,不得将焊钳夹在腋下而去搬弄焊件或将焊接电缆线绕挂在脖颈上;在移动焊接电缆线或接地回线时,手不要捏在导线的裸露部位;更换焊条或用手捏住焊件进行点焊固定时,一定要戴好电焊专用手套,否则空载电压极易通过人体而形成回路。

6)尽量避免在潮湿的地方和雨雪天气进行焊接作业,必须进行作业时,应特别加强个体防护。焊工严禁穿带有铁钉的鞋子,必要时垫木板、橡胶垫等进行隔离。

61. 起重事故预防措施有哪些?

(1)起重作业人员须经安全技术培训考核合格,才能持证上岗。

(2)起重机械必须设有安全装置,如超载限制器、力矩限制器、极限位置限制器、过卷扬限制器、电气防护性接零装置、端部止挡、缓冲器、联锁装置、夹轨器和锚定装置、信号装置等。

(3)严格检验和修理起重机机件,如钢丝绳、链条、吊钩、吊环和滚筒等,需要报废的应立即更换。

(4)建立健全维护保养、定期检验、交接班制度和安全操作规程。

(5)起重机运行时,禁止任何人上、下,也不能在运行中检修。上、下起重机要走专用梯子。

(6)起重机的悬臂能够伸到的区域内不得站人,带电磁吸盘的起重机的工作范围内不得有人。

(7)吊运物品时,不得从有人的区域上空经过,吊物上不准站人，不能对吊挂着的物品进行加工。

（8）起吊的物品不能在空中长时间停留，特殊情况下应采取安全保护措施。

（9）起重机司机接班时，应对制动器、吊钩、钢丝绳和安全装置进行检查，发现异常时，应在操作前将故障排除。

（10）开车前必须先打铃或报警。操作中接近人时，也应给予持续铃声或报警。

（11）按指挥信号操作。对紧急停车信号，不论任何人发出，都应立即执行。

（12）确认起重机上无其他人时，才能闭合主电源进行操作。

（13）工作中遇突然断电，应将所有控制器手柄扳回零位。重新工作前，应检查起重机是否工作正常。

（14）轨道上露天作业的起重机，在工作结束时，应将起重机锚定。当风力大于6级时，一般应停止作业，并将起重机锚定。对于门座式起重机等在沿海工作的起重机，当风力大于7级时，应停止作业，并将起重机锚定好。

（15）起重机在维护保养时，应切断主电源，并挂上警示标志牌或加锁。如有未消除的故障，应通知接班的司机。

62. 起重作业"十不吊"是什么？

（1）超载或被吊物质量不清不吊。

（2）指挥信号不明确不吊。

（3）捆绑、吊挂不牢或不平衡可能引起吊物滑动不吊。

（4）被吊物上有人或浮置物不吊。

（5）起重机结构或零部件有影响安全工作的缺陷或损伤不吊。

（6）有拉力不清的埋置物件不吊。

（7）工作场地光线暗淡，无法看清场地、被吊物情况和指挥信号不吊。

（8）重物棱角处与捆绑钢丝绳之间未加垫不吊。

（9）歪拉斜吊重物不吊。

（10）易燃、易爆物品不吊。

案例

（1）事故经过

某日8时30分，某冷轧厂准备车间轴承班班长召开班前会，对当天工作进行安排。当天的主要工作任务是安装机架，分两组进行：一组为李某、王某、刘某3人，负责安装2台机架；另4人为一组，负责安装3台机架。行车工张某配合两组进行吊装作业。

10时30分，李某这一组第一台机架安装完毕，准备将机架吊离安装平台。李某打手势让行车工张某将行车开到安装平台上方来，刘某和王某对机架进行兜吊捆绑，刘某在机架靠近大门一侧挂钢丝绳，王某在刘某对面挂钢丝绳，李某站在刘某同侧进行指挥。王某挂好钢丝绳后询问刘某进度，刘某表示已完成。王某即开始指挥张某起吊，指挥信号为"打口哨"。行车驾驶位置位于机架安装平台斜上方，张某因看不见所吊机架，只能听信号起吊。张某听到指挥信号后，即打铃警示并提升卷扬。刚一提升，张某就看到王某快速后退并摔倒在地，便立即停止提升。此时，王某这一侧的钢丝绳已脱落，而机架已被提升并被拉倒砸在王某身上。现场作业人员闻讯后，急忙用脱落的钢丝绳重新捆好机架，将机架迅速吊起，对王某进行急救，但是因伤势严重，王某经抢救无效死亡。

（2）事故原因分析

1）造成事故的直接原因

①侥幸作业。在起重操作中，王某挂好钢丝绳后，未执行规范指挥信号和手势，而是用"打口哨"指挥起吊。发现钢丝绳脱落后，没有及时给信号示意停吊和落绳，而是抱着侥幸心理，认为还未完全起吊，在未经确认的情况下就上前准备重新挂绳，这是严重的违章操作。

②操作不当。行车工张某起吊机架时，未严格执行安全操作规程，不等钢丝绳绷紧后再起吊，也是造成事故的重要原因。

2）造成事故的间接原因

①机架无起吊提升装置，不便于捆扎，以致在起吊过程中机架稍有摆动就发生脱绳，是导致机架倾翻的原因。

②无证上岗。王某的本岗位工龄不到1年，且无司索、指挥人员操作证。行车工张某虽有操作证，但行车作业时间不足1年，经验不足，识险、避险及自我防护能力差。

③由于行车驾驶位置位于机架安装平台斜上方，行车工看不见所吊机架，只能听信号起吊。当发生机架脱绳后，行车工不能及时发现和处理，也是导致机架倾翻的原因之一。

④机架安装平台上安装工具杂乱，王某在后退的过程中脚绊到扳手上而摔倒不能及时躲避，从而导致机架被拉倒后砸在其身上。

（3）事故教训与防范措施

企业应建立健全起重机械安全管理岗位责任制，以及起重机司机、指挥作业人员、起重司索人员安全操作规程等。

起重作业人员，包括起重机司机、指挥作业人员、起重司索人员等，必须进行安全技术培训并经考核合格，做到持证上岗作业。

要狠抓现场安全管理。在起重作业前，要明确分工、落实责任和"互联保"制度。应设专人指挥，强调行车工和信号工必须严格执行起重作业"十不吊"的安全规定。地面指挥及司索人员必须远离吊载，站在安全位置，吊物下面及其附近不准站人。应采用正确的捆绑方法，如该机架应采用背扣法捆绑，这样可锁住机架，在其游摆时不会发生滑脱事故。

要加强教育培训，定期组织作业人员进行安全操作规程的学习，使他们能够牢记本岗位的安全操作规程，在工作中严格执行相关规定。坚持开展反违章纠查和事故反思教育，增强作业人员的安全意识，提高作业人员预防事故的安全技术素质和判断处理事故的能力。

63. 建筑施工事故预防措施有哪些？

（1）高处作业和特殊高处作业

凡在坠落高度基准面为2米以上（含2米），有可能坠落的高处进行的作业均称为高处作业。特殊高处作业包括：

1) 在阵风风力6级（风速为10.8米/秒）以上的情况下进行的高处作业，称为强风高处作业。

2）在高温或低温环境下进行的高处作业，称异温高处作业。

3）降雪时进行的高处作业，称为雪天高处作业。

4）降雨时进行的高处作业，称为雨天高处作业。

5）室外完全采用人工照明时进行的高处作业，称为夜间高处作业。

6）在接近或接触带电体进行的高处作业，称带电高处作业。

7）在无立足点或无牢靠立足点的条件下进行的高处作业，称为悬空高处作业。

8）对突然发生的各种灾害事故进行抢险的高处作业，称为抢险高处作业。

（2）高处作业事故的防范对策

1）体弱、年老人员以及有恐高症者，不能从事高处作业。

2）遇到6级以上强风、大雾、雷雨等恶劣天气，露天场所不能登高；夜间登高要有足够的照明。

3）作业前应检查登高用具是否安全可靠。不得借用设备构筑物、支架、管道、绳索等非登高设施作为登高工具。

4）高处作业必须与高压电线保持安全距离或采取相应的安全防护措施。

5）在高处作业时应戴好安全帽，系好安全带，扣好安全绳，安全绳要"高挂低用"，切忌"低挂高用"。

6）在高处不得扔物，大件工具需拴牢，防止掉落；地面监护人员或指挥人员应和登高者统一联络信号，下方应设围栏，禁止无关人员进入。如必须交叉作业，上下须设可靠隔离措施或警戒线。

第5章　工伤事故预防

7）在石棉瓦上作业时，应用固定跳板或铺瓦梯；在屋面斜坡、坝顶、吊桥、框架边沿及设备顶上等立足不稳处作业时，应搭设脚手架、栏杆或安全网。

8）高处预留孔、起吊孔的盖板或栏杆不得任意移动或拆除，禁止在孔洞附近堆物。如因检修必须移去时，应有防护措施，施工完毕后要及时复原。

9）脚手架等登高设施必须牢固可靠，应由专人维护，使用前应认真检查。

10）长梯、人字梯使用前要检查梯身有无缺陷，梯子下脚要有防滑措施；梯子的摆放角度要适当（不大于60°且不小于45°）；登梯时，下面要有人扶住，作业时人体的重心不能外倾；梯子不能放在不稳固的物体上；作业前，人字梯的中间要用绳子拴牢。

（3）洞口作业及防护措施

洞口旁的高处作业，包括施工现场及通道旁深度在2米及2米以上的桩孔、人孔、沟槽与管道、孔洞等边缘上的作业称为洞口作业。

施工现场因工程和工序需要会产生洞口，常见的有楼梯口、电梯井口、预留洞口、井架通道口，常称为"四口"。

楼板、层面和平台等处的洞口，根据具体情况采取设防护栏杆、加盖件、张设安全网或装栅门等措施。

1）边长为25~50厘米的洞口，要使用坚实的木板盖盖住，盖板应能防止挪动移位，并有标识。

2）边长为50~150厘米的洞口，四周应设防护栏杆，用密目式安全网围挡，必要时也可在底部横杆下沿设置严密固定的、高度不低于20厘米的踢脚板。

3）边长大于150厘米的洞口，除应按上述要求设置防护外，洞口处还应张设安全网。

4）电梯井应设置固定栅门，栅门的高度为175厘米，安装时离楼层面应达到5厘米，上下必须固定，门栅网格的间距不应大于15厘米。同时，电梯井内应每隔两层设一道安全网。

5）高度不超过10米的墙面等处的洞口，要设置固定的栅门，其安装方法与电梯井一样。

64. 建筑施工作业岗位安全要求有哪些？

（1）瓦工作业安全要求

1）作业前应首先搭设好作业面，在作业面上操作的瓦工不能过于集中。为防止荷载过重及倒塌，堆放材料要分散且不能超高。

2）砌砖使用的工具应放在稳妥的地方，斩砖应面向墙面，工作完毕应将脚手板和墙上的碎砖、灰浆清扫干净，防止掉落伤人。

3）山墙砌完后应立即安装桁条或加临时支撑，防止倒塌。

4）在屋面坡度大于25°时，挂瓦必须使用移动板梯，板梯必须有牢固的挂钩。没有外架子时，檐口应搭防护栏杆和防护立网。

5）屋面上瓦应两坡同时进行，保持屋面受力均衡。屋面无望板时，应铺设通道，不准在桁条、瓦条上行走。

（2）抹灰工作业安全要求

1）操作前检查架子和高凳是否牢固，且跨度应小于2米。在架上操作时，同一跨度内作业不应超过2人。

2）室内抹灰使用的木凳、金属支架应平稳牢固，架子上堆放材料不得过于集中。

3）不准在门窗、暖气件、洗脸池等器物上搭设脚手架。在阳台部位粉刷，外侧必须挂设安全网，严禁踩踏脚手架的护栏和阳台拦板。

4）进行机械喷灰喷涂时，应戴呼吸防护用品，机械的压力表、安全阀门应灵敏可靠，管路摆放顺直，避免折弯。

5）贴面使用预制件、大理石、瓷砖等，应边用边运。待灌浆凝固后方可拆除临时支撑。

6）使用磨石机时应戴绝缘手套、穿胶靴，电源线不得破皮漏电。

（3）木工作业安全要求

1）木工支模拆模安全要求

①模板支撑不得使用腐朽、扭裂、劈裂的材料。顶撑要垂直，底端平整坚实，并加垫木。木楔要钉牢，并用横顺拉杆和剪刀撑拉牢。

②采用桁架支模应严格检查，发现严重变形、螺栓松动等应及时修复。

③禁止利用拉杆、支撑攀登上下。

④支设4米以上的立柱模板时，四周必须有支撑。不足4米的，可使用马凳操作。

⑤拆除模板应按顺序分段进行，严禁猛橇、硬砸或大面积撬落和拉倒。拆下的模板应及时运送到指定地点集中堆放，行进中应防止钉子扎脚。

⑥拆除薄梁、吊车梁、桁架预制构件模板，应随拆随加顶撑支牢，防止构件倾倒。

2）木工进行木构件安装时的安全要求

①按《建筑施工高处作业安全技术规范》（JGJ 80—2016）的规定，在坡度大于1∶2.2的屋面上操作，防护栏杆应高于1.5米，并加接安全网。

②木屋架应在地面拼装。必须在高处拼装的应连续进行，中断时应设临时支撑。屋架就位后，应及时安装脊檩、拉杆或临时支撑。

③在没有望板的屋面上安装石棉瓦，应在屋架下弦设安全网或有防滑条的脚手板操作。

④安装两层楼以上外墙窗扇，外面如没有安设脚手架或安全网的，应挂好安全带。

⑤不准直接在板条天棚或隔音板上行走及堆放材料。

⑥钉户檐板时，严禁在屋面上探身操作。

（4）钢筋工作业安全要求

1）拉直钢筋时，卡头要卡牢，地锚要结实牢固，拉筋沿线2米区域内禁止行人，人工绞磨拉直应缓慢松懈，不得一次松开。

2）展开盘圆钢筋时，要卡牢一头，防止回弹。

3）人工断料和打锤要站成斜角，注意甩锤区域内的人和物体。切断小于30厘米的短钢筋，应用钳子夹牢，禁止用手把扶。

4）在高处、深坑绑扎钢筋或安装骨架，或绑扎高层建筑的圈梁、挑檐、外墙、边柱钢筋，除应设置安全设施外，绑扎时还要挂好安全带。

5）绑扎立柱、墙体钢筋时，不得站在钢筋骨架上或攀登骨架上下。

（5）架子工作业安全要求

1）建筑登高架设作业包括建筑脚手架、提升设备、高空吊篮等的拆装，起重设备拆装。

2）建筑登高架设作业人员应熟知本作业的安全操作规程，严禁酒后作业和作业中玩笑嬉闹，禁赤脚，禁穿硬底鞋、拖鞋和带钉鞋等，穿着要灵便。

3）必须正确使用劳动防护用品，熟知"三宝"（安全帽、安全网、安全带）的正确使用方法。

4）架子工在高处作业时必须有工具袋，防止工具坠落伤人。

5）架子工在高处作业时使用的材料、工具，必须由绳索传递，严禁抛掷。

6）架子工安全操作应遵守"十二道关"，包含以下内容：

①人员关。有高血压、心脏病、癫痫病、晕高、视力不好等不适合做高处作业的人员，未取得特种作业操作证的人员，均不得从事架子高处作业。

②材质关。脚手架所需要用的材料、扣件等必须符合国家规定的要求，经过验收合格才能使用，不合格的严禁使用。

③尺寸关。必须按规定的立杆、横杆、剪刀撑、护身栏等间距尺寸搭设，上下接头要错开。

④地基关。地基必须夯实，立杆插在底座上，下铺5厘米厚的跳板，并加绑扫地杆，要能排出雨水。高层脚手架基础要经过计算，采取加固措施。

⑤防护关。作业层内侧脚手板与墙距离不得大于15厘米；外侧必须搭设两道护身栏和挡脚板，挡脚板绑扎应牢固严密，或立挡安全网将下口封牢。10米以上的脚手架，应在操作层下一步架搭设一层脚手板，以保证安全。如因材料不足不能设安全层时，可在操作层下一步架铺设一层安全网，以防坠落。

⑥铺板关。脚手板必须满铺、牢固，不得有空隙、探头板和飞跳板。要经常清除板上杂物，保持清洁平整，操作层有坡度的，脚手板必须和小横拉杆用铅丝绑牢。

⑦稳定关。必须按规定设剪刀撑。必须使脚手架与楼层墙体拉接牢固，拉接点设置距离为垂直4米以内，水平6米以内。

⑧承重关。荷载不得超过规定，在脚手架上堆砖，只允许单行侧摆三层。

⑨上下关。工人上下、行走必须走斜道和阶梯，严禁施工人员翻爬脚手架。

⑩雷电关。脚手架高于周围避雷设施的必须安装避雷针，接地电阻不得大于10欧姆。在带电设备附近搭拆脚手架时应停电进行，或者遵守下列规定：严禁跨越35千伏及以上带电设备；1千伏及以下，水平和垂直距离不应小于4米；1~10千伏的为6米。

⑪挑别关。对特殊架子的挑梁、别杆是否符合规定，必须认真检查和把关。

⑫检验关。架子搭好后，必须经过有关人员检查验收合格才能上架操作。要加强使用过程中的检查，分层搭设、分层验收和分层使用，发现问题要及时加固。大风、大雨、大雪后也要认真检查。

（6）施工现场机动车驾驶员安全要求

1)"十慢"：起步慢、转弯慢、下坡慢、倒车慢、过桥慢、交会车慢、交叉路口慢、视线不良慢、雨雪路滑慢、挂有拖车慢。

2)"十不准"：不准超载、不准抢挡、不准高速行驶、不准酒后驾驶、开车时不准吃东西、开车时不准与他人谈话、人货不准混装、视线不清不准倒车、非驾驶人员不准开车、行驶中不准跳上跳下。

3)"十不开"：车辆有病不开车、车门不关好不开车、人没坐稳不开车、货物没有装好不开车、跳脚板上站人不开车、翻斗不装好不开车、装运货物超高超长且没有安全措施不开车、装运危险品违反安全标准不开车、"三照"不全不开车、学员没有教练带领不开车。

4)"七好"：刹车好、灯光好、喇叭好、信号标志好、车辆保养好、规程规则遵守好、安全措施执行好。

 案例

（1）事故经过

某日，北京市某工程项目正在进行脚手架搭设作业，作业人员宋某在脚手架上进行脚手板铺设作业。10时46分，塔吊将一摞脚手板吊运到脚手架上。宋某在摘除吊点的卡环过程中身体失稳，由于当时其身上所佩戴的安全带没有进行拴挂，不慎从12米高的脚手架上坠落到地面。现场人员急忙将宋某送往医院,但是因伤势严重,经抢救无效死亡。

(2)原因分析

1)造成事故的直接原因

造成事故的直接原因是宋某违反了《北京市建筑工程施工安全操作规程》中高处作业必须佩戴安全带并与已搭好的立、横杆挂牢的规定。作为专业脚手架施工人员,在实际作业中,虽然佩戴了安全带,却没有将安全带拴挂,以至于当身体失稳发生坠落时安全带不能起到保护作用。

2)造成事故的间接原因

一是施工单位没有严格履行对分包单位安全施工的监督管理、安全检查的职责,使得分包单位在现场安全管理不到位的情况和作业人员违章行为没有及时被发现和制止。

二是劳务分包单位没有履行安全职责,未将该单位作业人员安全教育培训落实到位,使得作业人员安全意识淡薄,不能自觉遵守安全操作规程,导致违章作业。

(3)事故教训

这起事故的发生,主要是因为宋某的疏忽大意和违章行为,身处高处作业,所佩戴的安全带却没有进行拴挂,结果不慎从12米高的脚手架上坠落到地面。

对于施工作业人员的违章行为,必须严格要求遵守规章制度,提高违章成本。治理建筑施工现场的违章行为需用严格的制度来约束。企业负责人要充分认识到其危害的严重性,要有决心通过一定的奖惩措施,通过大幅度地提高违章成本,通过抓典型树标兵等形式提高作业人员的安全意识。要使企业所有人都意识到，违章是得不偿失的，违章是必然受到惩罚的，从制度上杜绝一部分人的侥幸心理。同时，辅以一定的管理、技术手段。例如，没有登高架设上岗资格证的人员严禁从事登高架设作业，未经现场安全人员同意不准擅自拆除安全防护设施，施工作业区应设置规范畅通的安全通道，每天上班前要对所有高处作业人员的劳动防护用品穿戴情况进行专项检查等。通过这些措施，促进建筑施工安全进行。

65. 火灾、爆炸事故预防措施有哪些？

（1）防火、防爆的技术措施

1）防止形成燃爆的介质。用通风的方法降低燃爆物质的浓度，使它达不到爆炸极限；也可用不燃或难燃物质来代替易燃物质。例如，用水质清洗剂来代替汽油清洗零部件，这样既可以防止火灾、爆炸，还可以防止汽油中毒。另外，也可采用限制可燃物的使用量和存放量的措施，使其达不到燃烧、爆炸的危险程度。

2）防止产生着火源，使火灾、爆炸不具备发生的条件。应严格控制8种常见着火源，即冲击摩擦、明火、高温表面、自燃发热、绝热压缩、电火花、静电火花和光热射线。

3）安装防火、防爆安全装置，如阻火器、防爆片、防爆窗、阻火闸门以及安全阀等。

（2）防火、防爆的组织管理措施

1）加强对防火、防爆工作的管理。

2）开展经常性防火、防爆安全教育和安全大检查，提高人们的警惕性，及时发现和整改事故隐患。

3）建立健全防火、防爆制度。

4）厂区内、厂房内的一切出入和通往消防设施的通道，不得占用和堵塞。

5）应建立义务消防组织，并配备有针对性强和足够数量的消防器材。

6）加强值班制度，严格进行巡回检查。

（3）作业场所应遵守的防火、防爆要求

1）作业人员应具有一定的防火、防爆知识，并严格贯彻执行防火、防爆规章制度，禁止违章作业。

2）应在指定的安全地点吸烟，严禁在工作现场和厂区内吸烟和乱扔烟头。

3）使用、运输、储存易燃易爆气体、液体时，一定要严格遵守安全操作规程。

4）在工作现场禁止随便动用明火，确需使用时，必须报请主管部门批准，并做好安全防范工作。

5）对于使用的电气设施，如发现绝缘破损、严重老化、大量超负荷以及不符合防火、防爆要求时，应停止使用，并报告领导给予解决。不得带故障运行，防止发生火灾、爆炸事故。

6）作业人员应学会使用一般的灭火工具和器材。对于车间内配备的防火防爆工具、器材等，应爱护维护，不得随便挪用。

（4）火灾扑救

1）常见的火险隐患。常见的火险隐患包括以下几个方面：

①生产工艺流程不合理，超温、超压以及配比浓度接近爆炸浓度极限，而无可靠的安全保障措施，随时有可能达到爆炸危险界限，易造成着火或爆炸。

②易燃易爆物品的生产设备与生产工艺条件不相适应，安全装置或附件没有安装，或虽安装但失灵。

③易燃易爆设备和容器检修前，未经严格的清洗和测试，检修方法和工具选用不当等，不符合设备动火检修的有关程序和要求，易造成着火或爆炸。

④设备有跑、冒、滴、漏现象，不能及时检修而带病作业，有造成火灾危险的，或散发可燃气体场所通风不良。

⑤易燃易爆危险品生产和使用的厂址、储存和销售的库址位置不合理，一旦发生火灾会严重影响厂区安全并殃及近邻企业和附近居民安全。

⑥易燃易爆物品的运输、储存和包装方法不符合防火安全要求，性质抵触和灭火方法不同的危险品混装、混储，以及销售和使用条件不符合防火要求。

⑦对引火源管理不严，在禁火区域无"严禁烟火"醒目标志，或虽有但执行不严格，仍有人员乱动火的迹象或抽烟现象的，或在用火作业场所有易燃物尚未清除，明火源或其他热源靠近可燃结构或其他可燃物等有引起火灾危险。

⑧电气设备、线路、开关的安装不符合防火安全要求，严重超负荷、线路老化、保险装置失去保险作用。

⑨建筑物的耐火等级、建筑结构与生产的火灾危险性质不相适应，建筑物的防火间距、防火分区或安全疏散及通风采暖等不符合防火规范要求。

⑩场所应安装自动灭火、自动报警装置，或应备置其他灭火器材，但未安装或未备置，或虽有但量不足或失去功能。

2）灭火的基本原理和方法。一切灭火方法都是为了破坏已经产生的燃烧条件，只要失去其中任何一个条件，燃烧就会停止。但由于在灭火时，燃烧已经开始，控制火源已经没有意义，因此，主要是消除另外两个条件，即可燃物和氧化剂。

根据物质燃烧原理及灭火的实践经验，灭火的基本方法有：减小空气中氧含量的窒息灭火法；降低燃烧物质温度的冷却灭火法；隔离与火源相近可燃物质的隔离灭火法；消除燃烧过程中自由基的化学抑制灭火法。

根据上述四种基本灭火方法所采取的具体灭火措施是多种多样的。在灭火中，应根据可燃物的性质、燃烧特点、火灾大小、火场的具体条件以及消防技术装备的性能等实际情况，选择一种或几种灭火方法。一般来说，几种灭火法综合运用效果较好。

3）常用灭火器的类型和使用方法。灭火器是扑灭初起火灾的重要工具，是最常用的灭火器材。它具有灭火速度快、轻便灵活、实用性强等特点，因而应用范围非常广。通常用于扑灭初起火灾的灭火器类型较多，使用时必须针对火灾燃烧物质的性质，否则会适得其反，有时不但灭不了火，还会发生爆炸。所以，必须要熟练地掌握使用灭火器的基本知识。

①火灾的分类。根据《建筑灭火器配置设计规范》（GB 50140—2005），灭火器配置场所的火灾种类可燃物质的火灾划分为以下几种类型：

A类火灾。固体物质火灾，如木材、棉、毛、麻、纸张等燃烧的火灾。

B类火灾。液体火灾或可熔化固体物质火灾，如汽油、煤油、柴油、甲醇、乙醚、丙酮等燃烧的火灾。

C类火灾。气体火灾，如煤气、天然气、甲烷、丙烷、乙炔、氢气等燃烧的火灾。

D类火灾。金属火灾，如钾、钠、镁、钛、锆、锂、铝镁合金等燃烧的火灾。

E类火灾。带电物体火灾，如发电机房、变压器室、配电间等燃烧的火灾。

②常用灭火器。正确使用灭火器是保证及时迅速扑灭初起火灾的关键。灭火器的种类很多，主要有：清水灭火器、酸碱灭火器、泡沫灭火器、二氧化碳灭火器和干粉灭火器等。下面介绍几种最常用灭火器的使用方法及适用范围。

A.二氧化碳灭火器。二氧化碳灭火器充装液态二氧化碳，利用汽化了的二氧化碳灭火。

a.适用范围。主要用于扑救贵重设备、仪器仪表、档案资料、600伏电压以下的电气设备及油类等初起火灾。用于扑救棉麻、化纤织物时，要注意防止复燃。

b.使用方法。手提灭火器提把前往着火点，把灭火器放在距离着火点5米处，拔下保险销，一只手握住喇叭形喷筒根部手柄（不要用手直接握喷筒式金属管，以防被冻伤），把喷筒对准火焰，另一只手压下压把，二氧化碳喷射出来。当扑救流动液体火灾时，应使用二氧化碳射流由近而远向火焰喷射，如果燃烧面积较大，操作者可左右摆动喷筒，直至把火扑灭。灭火过程中灭火器应保持直立状态。

注意：使用二氧化碳灭火器时，要避免逆风喷射，以免影响灭火效果。

B.干粉灭火器。干粉灭火器是用二氧化碳气体作动力喷射干粉的灭火器材。目前我国主要生产碳酸氢钠干粉灭火器及磷酸铵盐干粉灭火器。由于碳酸氢钠干粉只适用于扑救B类、C类火灾，所以碳酸氢钠干粉灭火器又称为BC干粉灭火器；磷酸铵盐干粉适用于扑救A类、B类、C类火灾，所以磷酸铵盐干粉灭火器又称为ABC干粉灭火器。

a. 适用范围。主要用来扑救石油及其产品、有机溶剂等易燃液体、可燃气体和电气设备的初起火灾。

b. 使用方法。手提灭火器把前往着火点，在距离着火点 3~5 米，将灭火器放下，在室外使用时注意站在上风方向，使用前先将灭火器上下颠倒几次，使筒内干粉松动，拔下保险销，一只手握住喷嘴，使其对准火焰根部，另一只手用力按下压把，干粉便会从喷嘴喷射出来。注意：使用手提灭火器须左右喷射，不能上下喷射，灭火过程中应保持灭火器直立状态，不能横卧或颠倒使用。

C. 泡沫灭火器。泡沫灭火器能喷射出大量二氧化碳和泡沫，它们黏附在可燃物上，使可燃物与空气隔绝，达到灭火的目的，或分为手提式、推车式和空气式等。

a. 适用范围。泡沫灭火器适宜扑灭油类及一般物质的初起火灾。

b. 使用方法。使用时，用手握住灭火器的提环，平稳、快捷地提往火场，不要横扛、横拿。灭火时，一手握住提环，另一手握住筒身的底边，将灭火器颠倒过来，喷嘴对准火源，用力摇晃几下，即可灭火。

灭火器使用时应注意：不要将灭火器的盖与底对着人体，防止盖、底弹出伤人；不要与水同时喷射在一起，以免影响灭火效果；扑灭电气火灾时，尽量先切断电源，防止人员触电。

66. 危险化学品事故预防措施有哪些？

（1）危险化学品火灾的紧急处理措施

1）先控制，后消灭。针对危险化学品火灾的火势发展蔓延快和燃烧面积大的特点，积极采取统一指挥、以快制快，堵截火势、防止蔓延，重点突破、排除险情，分块包围、速战速决等灭火战术。

2）扑救人员应占领上风或侧风位置，以免遭受有毒有害气体的侵害。

3）进行火情侦察、火灾扑救、火场疏散的人员应有针对性地采取自我防护措施。如佩戴防护面具，穿戴专用防护服等。

4）应迅速查明燃烧范围、燃烧物品及其周围物品的品名和主要危险特性，以及火势蔓延的主要途径。

5）正确选择最合适的灭火剂和灭火方法。火势较大时，应先堵截火势防止蔓延，控制燃烧范围，然后逐步扑灭。

6）对有可能发生爆炸、爆裂、喷溅等特别危险需紧急撤退的情况，应按照统一的撤退信号和撤退方法及时撤退（撤退信号应格外醒目，能使现场所有人员都看到或听到，在平时应经常演练）。

7）火灾扑灭后，起火单位应当保护现场，接受事故调查，协助消防救援部门和上级应急管理部门调查火灾原因，核定火灾损失，查明火灾责任。未经消防救援部门和上级应急管理部门的同意，不得擅自清理火灾现场。

（2）有毒有害气体泄漏的处置措施

1）设置警戒区。泄漏现场的警戒区边界浓度应设在可燃气体爆炸下限的30%，其范围之内为警戒区。如果是液化气体泄漏，要按气体扩散范围划定警戒区域，警戒范围按液化石油气爆炸浓度下限的1/2，即0.75%确定。因气态石油气密度比空气大，测试仪应布置在贴近地表处。因气体扩散受泄漏量、风力等条件的影响时刻在变化，警戒范围要根据测得的数值随时调整。

2）消除引火源。在警戒区内严禁任何火源存在和带入，必须果断地熄灭可燃物料泄漏扩散危险区内的一切火种，中断加热热源；对于该区域内的电气设备，保持其原来状态，不要开或关，可及时切断处于该区域外的总电源；进入警戒区的人员，严禁穿钉鞋和化纤衣服；操作各种消防器材、工具、手电、手抬泵、车辆等，严防打出火花；堵漏时应采用不发火器材、工具；消防车不准驶入警戒区域内，在警戒区域内停留的车辆不准再发动行驶。根据现场情况，动员现场周围特别是下风方向的居民和单位职工迅速消除火源。

3）关阀断料。管道发生泄漏，泄漏点处在阀门以后且阀门尚未损坏，可采取关闭输送物料管道阀门，断绝物料源的措施，以制止泄漏。关闭管道阀门时,必须设喷雾水枪掩护。

4)堵漏封口。管道、阀门或容器壁发生泄漏,且泄漏点处在阀门前或阀门损坏,不能关阀止漏时,可使用各种针对性的堵漏器具和方法封堵泄漏口。

如遇到有毒气体泄漏,首先应该做到查明毒害,并做好防护。处置有毒气体(蒸气)泄漏事故时,首先要查明现场毒性气体(蒸气)的性质、泄漏点、泄漏量、扩散范围等。根据毒气的危害性质、扩散范围,设置危险警戒区。必须做好个人安全防护,如佩戴空气呼吸器,着防毒衣或防化服等。应从现场的上风和侧风方面,进入现场危险区救人和处置险情。同时,应尽快通知周围可能受影响的人员疏散,并报警求援。

案例

某日,山西省某热电厂供水车间安排4名农民工清理排水井内的沉积物,由于农民工缺乏安全知识,冒险蛮干,导致1人中毒死亡,1人受伤。

(1)事故经过

当日15时,清理工作开始后,农民工马某在井内清理,任某在井口用桶吊运。任某吊上第一桶沉积物并将其倒在马路边,在返回井口时,发现马某倒在井内,任某立即召集另外2人,由任某下井救人,其余2人用绳子往上拉。任某在救人过程中,也晕了过去,井上2人将任某拉上来后立即报告车间领导。车间领导赶到现场,安排将任某送往医院抢救,同时想方设法用弯钩将马某拉上来送往医院。但是由于马某中毒严重,经抢救无效,于当日17时20分死亡。

(2)事故原因

造成事故的直接原因:排水井内沉积的有机物质由于腐烂变质,产生甲烷、硫化氢、一氧化碳等有毒有害气体,加上井内长期通风不良,氧气含量不足,聚集的有毒有害气体浓度过高。另外,从事清理作业的4位农民工,缺乏基本安全知识,违章冒险蛮干,对井内可能存在有毒有害气体认识不足。

造成事故的间接原因:一是在安全管理方面,对职工的安全教育培训不够,作业前未对清理人员进行安全技术措施交底;二是作业之前未对井内气体成分进行检测,也没有为作业农民工发放个人防护用具(氧气呼吸器具或防毒器具)。

(3)防范措施

事故之后,热电厂供水车间痛定思痛,采取如下措施预防同类事故发生:

一是加强安全教育培训,提高职工安全意识和安全技术水平,增强自我防护能力。

二是完善井下及其他危险作业安全管理制度。特别是在井下作业之前,必须对井内有毒有害气体进行检测。

三是要求进行井下等各种危险作业时,要佩戴好个人劳动防护用品,并加强监护。

67. 厂内运输事故预防措施有哪些？

（1）厂内机动车辆驾驶员必须经考核合格取得特种设备作业人员证，才能上岗作业。

（2）厂区、厂房内行车速度不得超过 15 千米/小时，天气恶劣时不得超过 10 千米/小时，倒车及出入厂区、厂房时不得超过 5 千米/小时，不得在平行铁路装卸线钢轨外侧 2 米以内行驶。

（3）装载货物时不得超载，而且货物的高度、宽度和长度应符合相关规定。对于较大和易滚动的货物应用绳索拴牢，对于超出车厢的货物应备有托架。

（4）装载超过规定的不可拆解货物时，必须经过本单位的安全技术管理部门批准，派专人押运，按指定的线路、时间和要求行驶。

（5）装运炽热货物及易燃、易爆、剧毒等危险货物时，应遵守《工业企业厂内铁路、道路运输安全规程》（GB 4387—2008）的规定。

（6）装卸时，汽车与堆放货物之间的距离一般不得小于 1 米，与滚动物品的距离不得小于 2 米。装卸货物的同时，驾驶室内不得有人，不准将货物经过驾驶室的上方装卸。

（7）多辆车同时进行装卸时，前后车的间距应不小于 2 米，横向两车拦板的间距不得小于 1.5 米，车身后拦板与建筑物的间距不得小于 0.5 米。

（8）倒车时，驾驶员应先查明情况，确认安全后，方可倒车。必要时应有人在车后进行指挥。

（9）随车人员应坐在安全可靠的指定部位。严禁坐在车厢侧板上或驾驶室顶上，也不得站在踏板上，手脚不得伸出车厢外。严禁扒车和跳车。

68. 矿山事故预防措施有哪些？

（1）矿工下井安全要求

1）煤矿是高危行业，矿工入井前要吃好、睡好、休息好，千万不能喝酒，以保持精力充沛。

2）明火和静电可导致瓦斯爆炸及火灾，不能穿化纤衣服和携带香烟及点火物品下井。

3）入井前要随身佩戴矿灯、安全帽，携带自救器，配备不齐或设备不完好不能入井工作。

4)携带锋利工具时,要套好护套,防止伤人。

5)通过班前会可了解工作地点的安全生产情况,明确安全注意事项,掌握防范措施,保证作业安全,因此必须按时参加班前会。

6)自觉遵守入井检身制度,听从指挥,排队入井,接受检身。

(2)矿井下乘车与行走安全要求

1)上下井乘罐笼、乘车、乘皮带要听从指挥,不能嬉戏打闹、抢上抢下。

2)要按照定员乘罐笼、乘车,并关好罐笼门、车门,挂好防护链。不能在机车上或两车厢之间搭乘。

3)人货混装十分危险,不要乘坐已装物料的罐笼、矿车和皮带。

4)开车信号已发出和罐笼、人车没有停稳时,严禁上下。

5)运送火工品时,要听从管理人员安排,千万不能与上下班人员同时乘罐笼、乘车。

6)乘罐笼、乘车、乘皮带行驶途中,不能在罐笼内、车内躺卧和打瞌睡,不能将头、手脚和携带的工具伸到罐笼和车辆外面;不能在皮带上仰卧、打瞌睡和站立、行走,不能用手扶皮带侧帮。

7)乘坐"猴车"(无级绳绞车)时,不许触摸绳轮,做到稳上、稳下。

8)在巷道中行走时,要走人行道,不在轨道中间行走,不随意横穿电机车轨道、绞车道,携带长件工具时,要注意避免碰伤他人和触及架空线,当车辆接近时要立即进入躲避硐室暂避。

9)在横穿大巷,通过弯道、交叉口时,要做到"一停、二看、三通过";任何人都不能从立井和斜井的井底穿过;在兼作行人的斜巷内行走时,遵守"行人不行车,行车不行人"的规定,不要与车辆同行。

10)钉有栅栏和挂有危险警告牌的地点十分危险,不能擅自进入;爆破作业经常伤人,不可强行通过爆破警戒线,进入爆破警戒区。

11)严禁扒车、跳车和乘坐矿车,严禁在刮板输送机上行走;在带式输送机巷道中,不能钻过或跨越输送带。

第6章 职业健康防护

69. 职业病危害因素的种类有哪些?

通常把在生产环境和劳动过程中存在的可能危害人体健康的因素称为职业病危害因素。职业病是指职工在生产劳动及其他职业活动中,接触职业病危害因素而引起的疾病。

职业病危害因素一般可以归纳为以下几个类型。

(1)工作过程中产生的有害因素

1)化学因素。

①生产性毒物。生产性毒物主要包括铅、锰、铬、汞、有机氯农药、有机磷农药、一氧化碳、二氧化碳、硫化氢、甲烷、氨、氮氧化物等。接触或在这些毒物的环境中作业,可能引起多种职业性中毒,如汞中毒、苯中毒等。

②生产性粉尘。生产性粉尘主要包括滑石粉尘、铅粉尘、木质粉尘、骨质粉尘、合成纤维粉尘等。长期在这类生产性粉尘的环境中作业，可能引起各种尘肺，如石棉肺、煤肺、金属肺等。

2）物理因素。

①异常气候条件。异常气候条件主要是指生产场所的气温、湿度、气流及热辐射等。在高温和强烈热辐射条件下作业，可能引发热射病、热痉挛、日射病等。

②异常气压。高气压和低气压。例如：潜水作业在高压下进行，可能引发减压病；高山和航空作业，可能引发高山病或航空病。

③噪声和振动。强烈的噪声作用于听觉器官，可引起职业性耳聋等疾病；长期在强烈振动环境中作业，会引起振动病。

④辐射线。辐射线是指在工作环境中存在的红外线、紫外线、X射线、无线电波等，可能引发放射性疾病。

3）生物因素。附着于皮毛上的炭疽杆菌、蔗渣上的霉菌等。

（2）工作组织中的有害因素

1）工作组织的制度不合理。如不合理的作息制度等。

2）精神（心理）性职业紧张。

3）工作强度过大或生产定额不当。如安排的作业或任务与劳动者生理状况或体力不相适应等。

4）个别器官或系统过度紧张。如视力紧张等。

5）长时间处于不良体位或使用不合理的工具等。

（3）生产环境中的有害因素

1）自然环境中的因素。如炎热季节的太阳辐射等。

2）厂房建筑或布局不合理。如将有毒与无毒的工段安排在同一车间等。

3）工作过程不合理或管理不当所致环境污染。

70. 生产性毒物的危害有哪些？

（1）生产性毒物的产生

在生产过程中使用或产生的各种对人体有害的化学毒物称为生产性毒物。生产性毒物可能存在于生产过程的各个环节，生产中的原料、辅料、半成品、成品、副产品、废弃物等，都可能是生产性毒物的来源。

（2）生产性毒物对人体的危害

1）毒物对人体危害的范围。生产性毒物可经皮肤、呼吸道或消化道进入人体，损害几乎所有的人体组织和器官，导致多种疾病甚至造成急性中毒死亡，而且有些可产生遗传后果。

2）职业性中毒的类型。职业性中毒是指在劳动生产过程中，由于接触生产性毒物而引起的中毒。

按接触毒物时间的长短、剂量大小和发病缓急的不同，职业性中毒表现为急性、亚急性和慢性3种类型。

①急性中毒：短时间内大量毒物侵入人体引起的中毒称为急性中毒。

②慢性中毒：长期吸收小剂量毒物引起的中毒称为慢性中毒。

③亚急性中毒：介于急性中毒和慢性中毒之间的，在较短时间内吸收较大剂量毒物引起的中毒称为亚急性中毒。

3）常见的职业性中毒。常见的职业性中毒包括：

①一氧化碳中毒。如熔炼金属过程中，可发生一氧化碳中毒。

②苯中毒。如喷涂所使用的油漆中含有苯，如果通风不良或无吸尘吸毒装置，容易造成苯中毒。

71. 生产性毒物危害的预防措施有哪些？

（1）消除毒物。从生产工艺流程中消灭有毒物质，用无毒物或低毒物代替有毒原料，改革能产生有害因素的工艺过程，改造技术设备，实现生产的密闭化、连续化、机械化和自动化，使作业人员脱离或减少直接接触有害物质的机会。

（2）密闭、隔离有害物质污染源，控制有害物质逸散。对逸散到作业场所的有害物质采取通风措施，控制有害物质的飞扬、扩散。

（3）加强个人防护。在存在有毒有害物质的作业场所作业，应使用防护服、防护面具、防毒面罩、防尘口罩等个人劳动防护用品。

（4）提高机体抗御力。对于在有害物质作业场所作业的人员，应享受必要的保健待遇，并且作业人员应加强营养和锻炼。

（5）加强对有害物质的监测，控制有害物质的最高浓度，使之低于国家有关标准。

（6）对接触有害物质的人员定期进行健康检查。必要时实行转岗、换岗作业。

（7）加强对有毒有害物质及预防措施的宣传教育。建立健全安全生产责任制、卫生责任制和岗位责任制。

72. 生产性粉尘的危害有哪些？

粉尘是长时间飘浮于空气中的固体颗粒。在生产过程中产生的粉尘称为生产性粉尘。

（1）生产性粉尘的产生

在生产过程中，产生粉尘的作业很多，主要有型砂调制、制型、铸件打箱和清理作业，机加工的打磨作业，焊接作业，煤传输和加热作业等。

（2）生产性粉尘的危害

1）对人体的危害。长期接触生产性粉尘的作业人员，因吸入粉尘，使肺内积累的粉尘量逐渐增多，当达到一定量时即可引发尘肺病。尘肺是生产性粉尘对人体的最主要的危害之一，长期吸入游离二氧化硅粉尘可引发矽肺，长期吸入金属性粉尘如锰尘等，可引发锰肺等各种金属肺；长期接触生产性粉尘还可引发鼻炎、咽炎、支气管炎等呼吸道疾病以及皮肤黏膜损害、皮疹、皮炎、结膜炎等。吸入有害物质粉尘还可引起急性或慢性职业性中毒，如焊接作业长期吸入锰尘可引发锰中毒，铅熔炼作业人员易引发铅中毒等。

2）对生产的危害。作业场所空气中的粉尘附着于高级精密仪器、仪表，可使这些设备的精确度下降；附着于机器设备的传动、运转部位，会使磨损加剧，使设备使用寿命缩短；粉尘可以使某些化工产品、机械产品、电子产品，如油漆、胶片、微型轴承、电动机、集成电路等质量下降；使人在生产过程中视线受影响，降低工作效率。

3）对环境的危害。飘浮于空气中的粉尘可使其他有害物质附着其上，形成严重的大气污染，被生物体吸入可引起各种疾病，文物、古迹、建筑物表面会被腐蚀、污染。另外，大量粉尘悬浮于空气中，可降低大气的可见度，促使烟雾形成，使太阳的热辐射受到影响。

4）对经济效益的影响。主要表现为使产品质量降低，产品合格率降低；因机器、设备使用寿命缩短，使固定资产投入增加，产品成本上升，市场竞争力减弱；使因粉尘而导致的职业病病人丧失工作能力，医药费用、护理费用、保健福利性费用支出增加；在高浓度粉尘作业场所工作，操作者对健康的担心会使其心理负担加重，较之正常情况下较早地失去工作能力，使企业培养技术人员周期加快，培训费用投入增大，同时造成劳动生产率的不稳定。

73. 生产性粉尘危害的预防措施有哪些？

（1）工艺改革

以低粉尘、无粉尘物料代替高粉尘物料，以不产尘设备、低产尘设备代替高产尘设备是减少或消除粉尘污染的根本措施。

（2）密闭尘源

使用密闭的生产设备或者将敞口设备改成密闭设备，这是防止和减少粉尘外逸，减少作业场所空气污染的重要措施。

（3）通风排尘

设备无法密闭或密闭后仍有粉尘外逸时，要采取通风的方法，

4）携带锋利工具时，要套好护套，防止伤人。

5）通过班前会可了解工作地点的安全生产情况，明确安全注意事项，掌握防范措施，保证作业安全，因此必须按时参加班前会。

6）自觉遵守入井检身制度，听从指挥，排队入井，接受检身。

（2）矿井下乘车与行走安全要求

1）上下井乘罐笼、乘车、乘皮带要听从指挥，不能嬉戏打闹、抢上抢下。

2）要按照定员乘罐笼、乘车，并关好罐笼门、车门，挂好防护链。不能在机车上或两车厢之间搭乘。

3）人货混装十分危险，不要乘坐已装物料的罐笼、矿车和皮带。

4）开车信号已发出和罐笼、人车没有停稳时，严禁上下。

5）运送火工品时，要听从管理人员安排，千万不能与上下班人员同时乘罐笼、乘车。

6）乘罐笼、乘车、乘皮带行驶途中，不能在罐笼内、车内躺卧和打瞌睡，不能将头、手脚和携带的工具伸到罐笼和车辆外面；不能在皮带上仰卧、打瞌睡和站立、行走，不能用手扶皮带侧帮。

7）乘坐"猴车"（无级绳绞车）时，不许触摸绳轮，做到稳上、稳下。

8）在巷道中行走时，要走人行道，不在轨道中间行走，不随意横穿电机车轨道、绞车道，携带长件工具时，要注意避免碰伤他人和触及架空线，当车辆接近时要立即进入躲避硐室暂避。

9）在横穿大巷，通过弯道、交叉口时，要做到"一停、二看、三通过"；任何人都不能从立井和斜井的井底穿过；在兼作行人的斜巷内行走时，遵守"行人不行车，行车不行人"的规定，不要与车辆同行。

10）钉有栅栏和挂有危险警告牌的地点十分危险，不能擅自进入；爆破作业经常伤人，不可强行通过爆破警戒线，进入爆破警戒区。

11）严禁扒车、跳车和乘坐矿车，严禁在刮板输送机上行走；在带式输送机巷道中，不能钻过或跨越输送带。

将产尘点的含尘气体直接抽走，确保作业场所空气中的粉尘浓度符合国家卫生标准。

（4）个人防护措施

在粉尘无法控制或在高浓度粉尘环境中作业时，必须合理、正确使用防尘口罩、防尘服等劳动防护用品及用具。

（5）卫生保健措施

定期对接尘人员进行体检，对从事特殊作业的人员应发放保健津贴，有作业禁忌证的人员不得从事接尘作业。

（6）维护检查

加强对在用的各种除尘设备的检查、维护，确保设备良好、高效运行。

74. 生产性噪声的危害有哪些？

在生产中，由于机器转动、气体排放、工件撞击与摩擦等所产生的噪声称为生产性噪声。噪声对人体也会产生危害，从业人员在生产作业过程中会受到生产性噪声的侵害。因此，掌握一些噪声的知识，有利于保障从业人员的健康。

（1）噪声的分类

1）空气动力性噪声，如各种风机噪声、燃气轮机噪声、高压排气锅炉放空时产生的噪声。

2）机械性噪声，如织布机噪声、球磨机噪声、剪板机噪声、机床噪声等。

3）电磁性噪声，如发电机噪声、变压器噪声等。

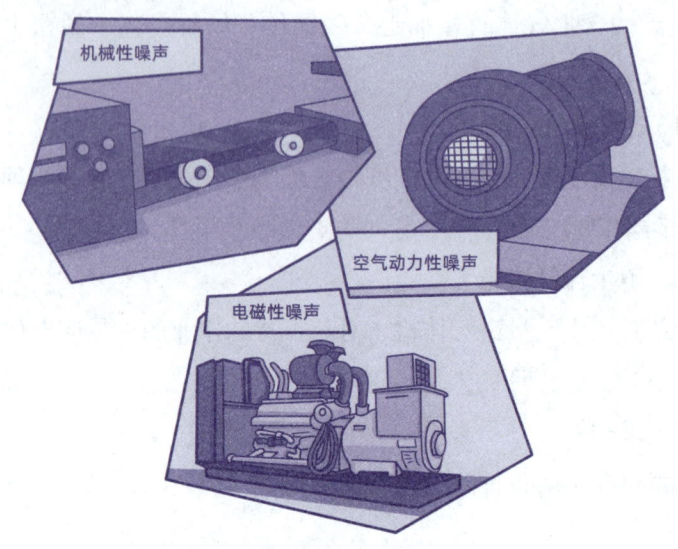

(2)噪声对人体的危害

1)损害听觉。短时间暴露在噪声中,可引起以听力减弱、听觉敏感性下降为主要表现特征的听觉疲劳。长期在高强度噪声环境中作业,可引起永久性耳聋。

2)引起各种病症。长时间接触高声级噪声,除会引起职业性耳聋外,还可引发消化不良、食欲不振、恶心、呕吐、头痛、心跳加快、血压升高、失眠等全身性病症。

3)引起事故。强烈噪声可导致某些机器、设备、仪表的损坏或精度下降;在某些场所,强烈的噪声可掩盖警告声响,引起设备损坏或人员伤亡事故。

(3)产生噪声的主要场所

铸造车间、锻造车间、打磨车间、冲压车间等,这些车间的噪声一般都比较高,超过了85分贝。

将产尘点的含尘气体直接抽走,确保作业场所空气中的粉尘浓度符合国家卫生标准。

(4)个人防护措施

在粉尘无法控制或在高浓度粉尘环境中作业时,必须合理、正确使用防尘口罩、防尘服等劳动防护用品及用具。

(5)卫生保健措施

定期对接尘人员进行体检,对从事特殊作业的人员应发放保健津贴,有作业禁忌证的人员不得从事接尘作业。

(6)维护检查

加强对在用的各种除尘设备的检查、维护,确保设备良好、高效运行。

74. 生产性噪声的危害有哪些?

在生产中,由于机器转动、气体排放、工件撞击与摩擦等所产生的噪声称为生产性噪声。噪声对人体也会产生危害,从业人员在生产作业过程中会受到生产性噪声的侵害。因此,掌握一些噪声的知识,有利于保障从业人员的健康。

(1)噪声的分类

1)空气动力性噪声,如各种风机噪声、燃气轮机噪声、高压排气锅炉放空时产生的噪声。

2)机械性噪声,如织布机噪声、球磨机噪声、剪板机噪声、机床噪声等。

3)电磁性噪声,如发电机噪声、变压器噪声等。

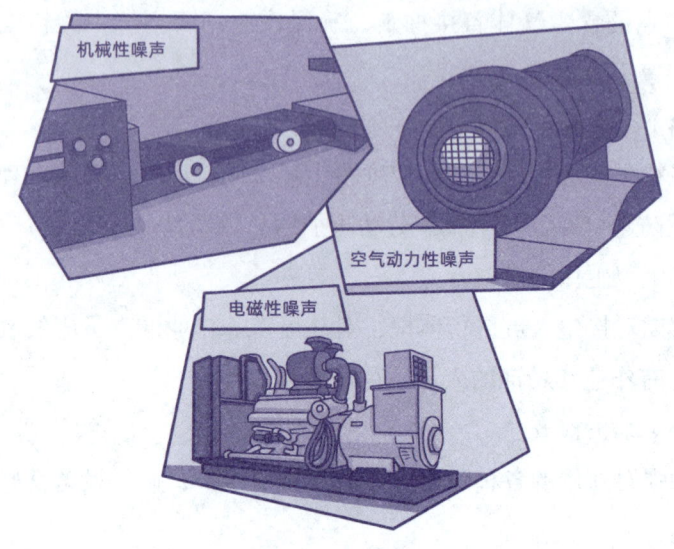

（2）噪声对人体的危害

1）损害听觉。短时间暴露在噪声中，可引起以听力减弱、听觉敏感性下降为主要表现特征的听觉疲劳。长期在高强度噪声环境中作业，可引起永久性耳聋。

2）引起各种病症。长时间接触高声级噪声，除会引起职业性耳聋外，还可引发消化不良、食欲不振、恶心、呕吐、头痛、心跳加快、血压升高、失眠等全身性病症。

3）引起事故。强烈噪声可导致某些机器、设备、仪表的损坏或精度下降；在某些场所，强烈的噪声可掩盖警告声响，引起设备损坏或人员伤亡事故。

（3）产生噪声的主要场所

铸造车间、锻造车间、打磨车间、冲压车间等，这些车间的噪声一般都比较高，超过了85分贝。

75. 生产性噪声危害的预防措施有哪些？

（1）消声

控制和消除噪声源是控制和消除噪声的根本措施，改革工艺过程和生产设备，以低声或无声设备或工艺代替产生强噪声的设备和工艺，使噪声源远离职工作业区和居民区均是控制噪声的有效手段。

（2）控制噪声的传播

用吸声材料、吸声结构和吸声装置将噪声源封闭，防止噪声传播。常用的吸声装置有隔声墙、隔声罩、隔声地板、隔声门窗等。用吸声材料铺装室内墙壁或悬挂于室内空间，可以吸收辐射和反射的声能，降低传播中噪声的强度。常用的吸声材料有玻璃棉、矿渣棉、毛毡、泡沫塑料、棉絮等。合理规划厂区、厂房，在有强烈噪声的生产作业场所周围，应设置良好的绿化防护带，车间墙壁、顶面、地面等应设吸声材料。

（3）采取合理的防护措施

1）合理使用耳塞。根据耳道大小选择合适的耳塞，可使噪声声级降低30~40分贝，对高频噪声的阻隔效果更好。

2）合理安排工作时间。在工作中穿插休息时间，在休息时间离开噪声环境，限制噪声环境中的工作时间，均可减轻噪声对人体的危害。

（4）卫生保健措施

接触噪声的人员应进行定期体检。以听力检查为重点，对于已出现听力下降者，应加以治疗和观察，重症患者应调离原工作岗位。就业前体检或定期体检中发现有明显的听觉器官疾病、心血管疾病、神经系统器官性疾病者,不得参加会接触强烈噪声的工作。

76. 振动作业的危害有哪些?

在生产过程中,按振动作用于人体的方式,可将其分为局部振动和全身振动。有些工种所受的振动以局部振动为主,有些工种所受的振动以全身振动为主,有些工种作业则同时受两种振动的作用。局部振动是生产中最常见和危害性较大的振动。

(1) 生产性振动源

在生产过程中,由于设备运转、撞击或运输工具行驶等产生的振动称为生产性振动。生产过程中经常接触的振动源有：

1）捶打工具。如锻造机、冲压机、空气锤等。

2）电动工具。如电钻、冲击钻、砂轮、电锤等。

（2）生产性振动对人体的危害

1）局部振动对人体的危害：

①神经系统。表现为大脑皮层功能下降，条件反射潜伏期延长或缩短，皮肤感觉迟钝，触觉、温热觉、痛觉、振动觉功能下降等。

②心血管系统。出现心动过缓、窦性心律不齐、传导阻滞等病症。

③肌肉系统。出现握力下降、肌肉萎缩、肌纤维颤动和疼痛等症状。

④骨组织。可引起骨和关节改变，出现骨质增生、骨质疏松、关节变形、骨硬化等病症。

⑤听觉器官。表现为听力损失和语言能力下降。

2）全身振动对人体的危害。全身振动常引起足部周围神经和血管变化，出现足痛、易疲劳、腿部肌肉触痛等病症。还常引起脸色苍白、出冷汗、恶心、呕吐、头痛、头晕、食欲不振、胃功能障碍、肠蠕动不正常等病症。

77. 振动作业危害的预防措施有哪些？

（1）局部振动的减振措施

1）改革工艺。用液压机、焊接和高分子粘连工艺代替铆接工艺，用液压机代替锻压机等可以大大减少振动的发生源。

2）改革工作制度，专人专机，合理使用减振劳动防护用品。

3）建立合理的劳动制度，限制作业人员每日接触振动的时间。

（2）全身振动的减振措施

1）在有可能产生较大振动设备的周围设置隔离地沟，衬以橡胶、软木等减振材料，以确保振动不外传。

2）对振动源采取减振措施，如用弹簧等减振阻尼器，减小振动的传递距离；给汽车等运输工具的座椅加泡沫垫等，以减弱运行中由各种振源传来的振动。

3）利用尼龙机件代替金属机件，可降低机器的振动。

4）及时检修机器，可以防止因零件松动而引起的振动，消除机器运行中的空气流和涡流等也可减小振动。

78. 高温作业的危害有哪些？

工作地点气温在30 ℃以上、相对湿度为80%以上的作业，或工作地点气温高于夏季室外通风设计气温2 ℃以上，且伴有强烈热辐射的作业，均属于高温强热辐射作业。

（1）高温源

在机械制造行业的某些生产工艺中，由于需要提供热源才能生产，因此产生了高温作业。产生高温的作业场所如铸造车间、锻造车间、热处理车间等。

（2）高温作业对人体的危害

1）对循环系统的影响。高温作业时，皮肤血管扩张，大量出汗使血液浓缩，易使心脏活动增加、心跳加快、血压升高、心血管负担增加。

2）对消化系统的影响。高温对唾液分泌有抑制作用，并可使胃液分泌减少，胃蠕动减慢，造成食欲不振；大量出汗和氯化物的丧失，也可使胃液酸度降低，易造成消化不良。此外，高温可使小肠的运动减慢，形成其他胃肠道疾病。

3）对泌尿系统的影响。高温下，人体的大部分体液由汗腺排出，从而使尿液浓缩，肾脏功能负担加重。

4）神经系统。在高温及热辐射作用下，肌肉的工作能力，动作的准确性、协调性、反应速度及注意力均会降低。

79. 高温作业危害的预防措施有哪些？

（1）宣传教育

教育职工遵守高温作业安全规程和卫生保健制度。

（2）制定合理的劳动休息制度

高温下作业应尽量缩短工作时间，可采取实行小换班、增加工作休息次数、延长午休时间等方法。休息地点应远离热源，并应备有清凉饮料、风扇、洗澡设备等。有条件的可在休息室安装空调或采取其他防暑降温措施。

（3）改革工艺过程

合理设计或改革生产工艺过程，改进生产设备和操作方法，尽量实现机械化、自动化、仪表控制，消除高温和热辐射对人体的危害。

（4）隔热

以水隔热效果最好，能最大限度地吸收辐射热。利用石棉、玻璃纤维等导热系数小的材料包敷热源也有较好的隔热效果。

（5）通风

利用自然通风或机械通风的方法，交换车间内外的空气。

（6）供给含盐饮料

在高温作业时，作业人员要饮用足量符合卫生要求的含盐饮料，以补充人体所需的水分和盐分。

（7）发放保健食品

高温环境下作业，能量消耗增加，应相应地增加蛋白质、热量、维生素等的摄入，以减轻疲劳，提高工作效率。

（8）加强个人防护

高温作业的工作服应结实、耐热、宽大，便于操作，应按不同作业需要，及时供给工作帽、防护眼镜、隔热面罩、隔热靴等。

（9）医疗预防

高温作业人员应进行就业前和入暑前体检，凡患有心血管系统疾病、高血压、溃疡病、肺气肿、肝病、肾病等疾病的人员不宜从事高温作业。

80. 电磁辐射的危害有哪些？

（1）电磁辐射的分类

电磁辐射以电磁波的形式在空间向四周传播，具有波的一般特征。电磁辐射的波谱很宽，按其生物学作用的不同，分为非电离辐射和电离辐射。

1）非电离辐射。包括紫外线、可见光、红外线、激光和射频辐射等。

2）电离辐射。包括 X 射线、γ 射线等。波长越短，频率越高，辐射的能量越大，生物学作用越强。

（2）电磁辐射的危害

1）非电离辐射。

①射频辐射。一般来说，射频辐射对人体的影响不会导致组织器官的器质性损伤，主要引起功能性改变，并具有可逆性特征。在停止接触数周或数月后往往可恢复，但在大强度长期辐射作用

下，对心血管系统的症候持续时间较长，并有进行性倾向。微波作业对健康的影响是出现中枢神经系统和自主神经系统功能紊乱，以及心血管系统的变化。

②红外线。红外线能引发白内障，灼伤视网膜。其影响在电气焊、熔吹玻璃、炼钢等作业人员中多有发生。红外线引起的职业性白内障已列入法定职业病目录。

③紫外线。强烈的紫外线辐射作用可引起皮炎，表现为弥漫性红斑，有时可出现小水疱和水肿，并有发痒、烧灼感。皮肤对紫外线的感受性存在明显的个体差异。除机体本身因素外，外界因素的影响会使敏感性增加。例如，皮肤接触沥青后经紫外线照射，能产生严重的光感性皮炎，并伴有头痛、恶心、体温升高等症状，长期受紫外线作用，可发生湿疹、毛囊炎、皮肤萎缩、色素沉着，甚至可诱发皮肤癌。作业场所比较多见的是紫外线对眼睛的损伤，

即电光性眼炎。

④激光。激光对人体的危害主要是它的热效应和光化学效应造成的。激光对健康的影响主要是对眼部的影响和对皮肤造成损伤。被机体吸收的激光能量转变成热能，在极短时间内（几毫秒）使机体组织局部温度升得很高（200~1 000 ℃）。机体组织内的水分受热时骤然汽化，局部压力剧增，使细胞和组织受冲击波作用，发生机械性损伤。

眼部受激光照射后，可突然出现眩光感、视物模糊或眼前出现固定黑影，甚至视觉丧失。

2）电离辐射。电离辐射又称放射线，是一切能引起物质电离的辐射的总称。人体在短时间内受到大剂量电离辐射会引起急性放射病。长时间受超剂量照射将引起全身性疾病，出现头昏、乏力、食欲消退、脱发等神经衰弱症候群。受大剂量照射，不仅当时机体产生病变，而且照射停止后还会产生远期效应或遗传效应，如诱发癌症、后代患小儿痴呆症等。

电离辐射引起的职业病包括：全身性放射性疾病，如急性、慢性放射病；局部放射性疾病，如急性、慢性放射性皮炎及放射性白内障；放射所致远期损伤，如放射所致白血病等。

列为国家法定职业病目录的有急性、亚急性、慢性外照射放射病，外照射皮肤疾病、内照射放射病、放射性肿瘤、放射性骨损伤、放射性甲状腺疾病、放射性性腺疾病、放射性复合伤和其他放射性损伤共11种。

81. 电磁辐射危害的预防措施有哪些？

（1）非电离辐射的防护

1）对高频电磁场的防护，可以用铝、铜、铁等金属屏蔽材料来包围场源以吸收或反射场能。

2）对微波的防护，通常是敷设微波吸收器。同时，根据微波发射具有方向性的特点，作业人员的工作位置应尽量避开辐射流的正前方。

3）对激光的防护，应将激光束的防光罩与光束制动阀及放大系统截断器联锁。同时，激光操作间采光照明要好，工作台表面及室内四壁应用深色材料装饰，室内不宜放置反射、折射光束的设备和物品。

（2）电离辐射的防护

1）凡是接触电离辐射的新职工，一定要加强放射卫生防护的上岗培训。

2）在保证应用效果的前提下，尽量选用危害小的辐射源或者封闭隔离辐射源。

3）采取包括屏蔽、加大接触距离、缩短接触时间等技术措施预防外照射危害。

4）采用净化作业场所空气等办法，尽量减少或杜绝放射性物质进入人体，避免造成内照射危害。

5）佩戴并正确使用劳动防护用品，主要是穿铜丝网制成的防护服，戴防护眼罩等。

第7章 常见工伤事故的应急处置与现场急救知识

82. 事故应急救援处置及程序是什么?

所谓应急救援处置,是指为消除、减少事故危害,防止事故扩大或恶化,最大限度降低事故造成的损失或危害而采取的救援措施或行动。

职工掌握一定的应急救援知识,对于处理紧急事故,防止和减少伤亡事故有重要的意义。用人单位在日常安全生产教育培训中,要介绍该单位危险源的位置、易发生事故的类型、事故后果的严重程度、事故救援的程序及方法等,并组织从业人员进行演练。

事故应急救援处置程序:

(1)发现紧急情况后,事故现场人员应立即上报单位领导,如事态严重,应直接拨打相关电话报警。

（2）立即疏散事故现场人员。

（3）实施警戒治安，避免无关人员进入现场。

（4）立即采取现场行之有效的救护措施，对受伤人员实施救护，对事态进行控制。

（5）及时将受伤人员送医院救治。

（6）及时报告有关救援部门。

83. 如何判断受伤人员的伤情？

（1）有无意识

判断：受伤人员对于问话、拍打肩膀、紧捏手指等刺激均无反应，说明已无意识。

措施：无意识时必须呼救并实施急救措施。

（2）有无呼吸

判断：目测受伤人员胸部的起伏情况，用耳朵测听其呼吸音。

措施：保持呼吸道畅通，如果呼吸停止，必须马上进行人工呼吸急救。

（3）有无脉搏

判断：测试脉搏时应将指尖轻轻放在受伤人员的颈动脉或股动脉处。

措施：若感觉不到脉搏，则需立即进行胸外心脏按压急救。

（4）有无大出血

判断：动脉出血时，血液呈喷射状，血色鲜红，危险性大；静脉出血时，血流较缓慢，血色暗红，呈持续状；毛细血管出血时，血色鲜红，从伤口处渗出，常自动凝固而止血，危险性较小。

措施：必须采取措施立即止血。

84. 意外触电事故急救措施有哪些？

（1）触电症状

1）轻者有惊吓、发麻、心悸、头晕、乏力等症状，一般可自行恢复。

2）重者会出现强直性肌肉收缩、昏迷、休克，以心室纤颤为主，低压电流造成上述症状持续数分钟后心跳骤停。高压电流主要伤害呼吸中枢，呼吸麻痹为受伤害者的主要死因。

3）局部烧伤。低压电流所致伤口小、呈焦黄色、较干燥（似烤煳状）；被高压电流或闪电烧伤，表面可有烧伤烙印闪电纹，给人感觉烧伤并不严重，但实际烧伤面积大、伤口深，重者可伤及肌肉、肌腱、血管、神经及骨骼。

（2）伤员脱离电源的处理

触电急救首先要使触电者迅速脱离电源，越快越好，因为电流作用时间越长，对人体伤害就越重。脱离电源就是要把触电者接触的那一部分带电设备的开关或其他断路设备断开，或设法将触电者与带电设备脱离。

1）在脱离电源前，救护人员不得直接用手触及伤员，以免救护人员同时触电。如触电者处于高处，应采取相应措施，防止该伤员脱离电源后自高处坠落形成复合伤。

2）触电者触及低压带电设备后，救护人员应设法迅速切断电源，如关闭电源开关，拔出电源插头等，或使用绝缘工具如干燥的木棒、木板、绳索等解脱触电者。另外，救护人员可站在绝缘垫上或干木板上，在使触电者与导电体解脱时，最好用一只手进行。

3）触电者触及高压带电设备后，救护人员应迅速切断电源或用适合该电压等级的绝缘工具（戴绝缘手套、穿绝缘靴并使用绝缘棒）解脱触电者，救护人员在抢救过程中应注意保护自身，并与周围带电部分保持必要的安全距离。

4）在救护触电伤员切除电源时，有时会同时使照明电路断电。因此，应考虑事故照明、应急灯等临时照明，新的照明要符合使用场所的防火、防爆要求，但不能因此延误电源切断和人员急救的时间。

（3）伤员脱离电源后的处理

1）对神志清醒的触电伤员，应使其就地躺平，严密观察其呼吸、脉搏等生命体征，暂时不要让其站立或走动。

2）对神志不清的触电伤员，也应使其就地躺平，且确保气道通畅，并用5秒的时间呼叫伤员或轻拍其肩部，以判定伤员是否丧失意识，禁止摇动伤员头部呼叫伤员。

3）对需要进行心肺复苏的伤员，在将其脱离电源后，应立即就地进行有效的心肺复苏抢救。

4）呼吸、心跳情况的判定。触电伤员如丧失意识，应在10秒内用看、听、试的方法，判定伤员的呼吸、心跳情况：看伤员的胸部、上腹部有无呼吸起伏动作；用耳贴近伤员的口鼻处，听有无呼吸气流的声音；先试测口鼻有无呼气的气流，再用两手指轻试一侧（左或右）喉结旁凹陷处的颈动脉有无搏动。

若采用看、听、试等方法发现伤员既无呼吸又无颈动脉搏动,可判定伤员呼吸、心跳停止。

5)对呼吸、心跳停止的伤员进行心肺复苏抢救。

6)紧急呼救。大声向周围呼救,同时拨打120电话请求急救。

7)伤员的移动与转送。心肺复苏应在现场就地坚持进行,不要随意移动伤员,如确实需要移动时,抢救中断时间不应超过30秒。

移动伤员或将伤员送医院时,除应使伤员平躺在担架上,并在其背部垫以平硬宽木板外,还应继续抢救。呼吸、心跳停止的伤员应继续用心肺复苏技术抢救,并做好保暖工作。

在转送伤员去医院前,应与有关医院取得联系,请求做好接收伤员的准备,同进度对触电人员的其他合并伤,如骨折、体表出血等做出相应的处理。

8)伤员好转后的处理。如伤员的呼吸和心跳经抢救后均已恢复,则可暂停心肺复苏急救操作,但呼吸、心跳恢复后的早期仍有可能再次骤停,应严密监护,不能大意,要随着准备再次抢救。

85. 化学品烧伤急救措施有哪些?

化学品烧伤主要包括被强酸烧伤和被强碱烧伤。高浓度酸能使皮肤角质层蛋白质凝固性坏死,呈界限明显的皮肤烧伤,并可引起局部疼痛性、凝固性坏死。被强碱烧伤时,由于碱具有吸水作用,会使局部细胞脱水,强碱烧伤后创面呈黏滑或肥皂样变化。

(1)强酸烧伤的急救方法

各种不同的酸烧伤,其皮肤产生的颜色变化也不同,如硫酸烧伤创面呈青黑色或棕黑色;硝酸烧伤创面先呈黄色,然后转为黄褐色;盐酸烧伤创面则呈黄蓝色;三氯醋酸烧伤创面先为白色,以后变为青铜色等。此外,颜色的改变还与酸烧伤的深浅有关,潮红色最浅,灰色、棕黄色或黑色则较深。

被强酸烧伤后立即用水冲洗是最为重要的急救措施,冲洗后一般不需用中和剂,必要时可用2%~5%的碳酸氢钠、2%~5%的氢氧化镁或肥皂水处理创面后,仍用大量清水冲洗,以去除剩余的中和溶液。

创面处理采用一般烧伤的处理方法。由于酸烧伤后形成的痂皮完整,宜采用暴露疗法。

(2)强碱烧伤的急救方法

被强碱烧伤后，应立即用大量清水冲洗创面，冲洗时间越长，效果越好，达 10 小时效果尤佳，但伤后 2 小时才开始处理者效果差。如创面 pH 达 7 以上，可用 0.5%~5% 醋酸、2% 硼酸湿敷创面，再用清水冲洗。

创面冲洗干净后，最好采用暴露疗法，以便观察创面的变化。深度烧伤应及早进行切痂植皮手术。

86. 眼部受伤急救措施有哪些？

在机械制造企业，最常见的眼部受伤是铁屑飞入眼睛或化学物质如强酸、强碱等溅入眼睛。眼睛是人体中较脆弱的部位，一定要采取及时、正确的方法予以处理，以免造成失明。

眼睛受伤的救护方法如下：

（1）轻度眼伤，如眼睛进异物，切忌用手揉搓，以防伤到角膜、眼球，可叫现场同伴用肥皂水洗手后，翻开眼皮用干净手绢、纱布将异物拨出。注意不要使用棉花等物品取异物，不要取虹膜或瞳孔口的异物。

如眼中溅入化学物质，要立即用大量清水反复冲洗。如果找不到水龙头，可以用杯中的水冲洗眼睛15分钟，并确保水进入眼睛内角。如果患者戴隐形眼镜应将其摘掉。冲洗后用干净的棉布覆盖患眼，并包扎覆盖双眼，减少患眼的活动。

（2）重度眼伤，如异物插入眼中，这时千万不要试图拔出插入眼中的异物，若看到眼球鼓出或从眼球中脱出东西，切不可把它推回眼内，这样做十分危险，可能会损伤组织器官。正确的做法是让伤者仰躺，救护者设法支撑其头部，并尽可能使其保持静止不动，同时可用消毒纱布或刚洗过的新毛巾轻轻盖在伤眼上，将伤者尽快送往医院。

87. 断指急救措施有哪些？

一旦发生断指事故，首先要抢救伤员生命，检查有无脊髓和神经损伤，并注意保护，防止引起或加重损伤。如有出血，要根据出血部位，选用加压包扎、指压、扎止血带等方法紧急止血，防止伤员休克。疑有骨折、脱位，先不要整复，可用夹板、石膏或代用品进行简单固定。活动性出血（如手或足），最好别扎大肢体（如前臂、小腿），这样会扎住静脉，而动脉扎不住，从而会增加出血量，这时采用局部加压法更好些。

做完这些或在此同时，应该处理断指。有时手指未完全断离，仍有一点皮肤或组织相连，其中可能有细小血管，足以提供营养，避免手指坏死，因此务必小心谨慎，妥善包扎保护，防止血管受到扭曲或拉伸。

断指残端如有出血，应首先止血。肢体、手指断离后，虽失去血脉滋养，但短期内尚有生机，而时间一长，则会变性腐烂，冷藏保存断指可以降低其新陈代谢的速度，维持生机。冬天气温较低，容易做到（8小时内可再植）；春秋季节，特别是盛夏，天气炎热，此时迅速低温冷藏保存断指尤为重要。可将断指先用无菌敷料或相对干净的布巾等代用品包裹，外面用塑料薄膜密封，然后置于合适的容器如冰瓶内，周围放上冰块，和病人一同转送附近有再植条件的医院。冰块可取自冰箱，若一时难以取得，可用冰棍、雪糕代替。断指不可直接与冰块或冰水接触，以防冻伤变性。酒精可使蛋白质变性，故绝对禁忌将断指直接浸泡于酒精内。如欲冲洗，只可用生理盐水。因为高渗或低渗的溶液，均对组织细胞有害，会影响再植成活率，故不可以用来浸泡、冲洗断指。

88. 车辆伤害急救措施有哪些？

车辆伤害多发生于公路，如行人、自行车被机动车撞伤，摩托车、汽车翻车伤及车内人员等。车辆伤害的主要受伤部位为头部、四肢、盆腔、肝、脾、胸部等。车辆伤害引起死亡的主要原因为头部损伤、严重的复合伤和碾压伤。

如果是运输危险化学品的车辆发生了交通事故，不仅会造成人员伤害，还可能由于危险化学品受到撞击、泄漏发生火灾、爆炸或人员中毒等事故。

车辆伤害现场救护原则：

（1）现场应急的顺序为紧急呼救→保护现场→转运伤员。分别拨打求救电话120、110和119。

（2）切勿立即移动伤者，除非处境会危害其生命，如汽车着火、有爆炸可能等。

（3）将失事车辆引擎关闭，拉紧驻车制动装置或用石头固定车轮，防止汽车滑动。

（4）呼救的同时，现场人员首先要查看伤员的伤情，伤员从车内救出的过程应根据伤情区别进行，脊柱损伤伤员不能拖、拽、抱，应使用颈托固定颈部或使用脊柱固定板，避免脊髓受损或损伤加重导致截瘫。

（5）实行先救命、后治伤的原则，若伤员呼吸、心跳停止，则应立即进行心肺复苏抢救。

（6）意识清醒的伤员可询问其伤在何处（疼痛、出血、何处活动受限等），并立刻检查受伤部位，进行对症处理，疑有骨折应尽量简单固定后再搬运。

（7）事故发生后应尽可能对现场进行保护，以便给事故责任划分提供可靠证据，并采用最快的方式向交通管理执法部门报告。

（8）如果交通事故涉及危险化学品，应首先了解危险化学品的种类、名称和危险特性，有针对性地实施应急行动，同时尽量佩戴劳动防护用品，站在上风侧进行现场处置与急救。

89. 溺水事故的急救措施有哪些？

（1）水中救护

1）自救。当发生溺水且不熟悉水性时除及时呼救外，应及时取仰卧位，头部向后，使鼻部露出水面呼吸。呼气要浅，吸气要深，则可浮出水面，此时千万不要慌张，不要将手臂上举乱扑动，这样会使身体下沉更快。

会游泳者，如果发生小腿抽筋，要保持镇静，采取仰泳位，用手将抽筋的腿的脚趾向背侧弯曲，可使痉挛松懈，然后慢慢游向岸边。

2）救护。救护溺水者，应迅速游到溺水者附近，观察清楚位置，从其后方出手救援，或投入木板、救生圈、长杆等，让落水者攀扶上岸。营救人员经从其后面靠近落水者，不要被慌乱挣扎的落水者抓住，以免发生危险。从后面双手托住落水者的头部，两人均采用仰泳，将其带至安全处。有条件的采用可漂移的脊柱板救护伤员，必要时进行口对口人工呼吸急救。

（2）岸上救护

1）将伤员抬出水面后，应立即清理溺水者口鼻内的污泥、痰涕，用纱布裹住手指将落水者的舌头拉出口外，解开其衣扣，以保持呼吸畅通，然后抱起落水者的腰腹部，使其背朝上、头下垂进行倒水；抱起落水者双腿，将其腰腹部放在施救者的肩上，快步奔跑使积水倒出；施救者采取半跪位，将伤员的腹部放在施救者腿上，使其头部下垂，并用手平压背部进行倒水。

第7章 常见工伤事故的应急处置与现场急救知识

2）溺水者获救后，应立即检查其呼吸、心跳。如呼吸停止，应马上进行人工呼吸急救，先口对口吹入4口气，在5秒内观察其有无恢复自主呼吸，如无反应，应接着做人工呼吸，直至其恢复自主呼吸。

3）如果溺水者呼吸、心跳完全停止了，应立即做心肺复苏急救。

4）不能轻易放弃救治，特别是低温情况下，应抢救更长时间，直到专业救护人员到达。

5）现场救护有效，伤员恢复心跳、呼吸，可用干毛巾擦遍其全身，自四肢、躯干向心脏方向摩擦，以促进血液循环。

90. 高处坠落急救措施有哪些？

（1）高处坠落的危害

高处坠落一般发生于建筑施工作业、大型机械设备安装或维修作业中。高处坠落人员通常有多个系统或多个器官损伤，严重者当场死亡。高处坠落人员除有直接或间接受伤器官外，还可能有昏迷、呼吸窘迫、面色苍白和表情淡漠等症状，可导致胸、腹腔内脏组织器官发生广泛性损伤。高空坠落时，若足或臀部先着地，则外力可沿脊柱传导到颅脑而致伤；由高处仰面跌下时，背或腰部受冲击，可引起腰椎韧带撕裂，椎体裂开或椎弓根骨折，易引起脊髓损伤。如果发生脑干损伤，常有较重的意识障碍、光反射消失等症状，也可能出现严重的合并症状。

（2）急救方法

1）去除伤员身上的用具和口袋中的硬物。

2）在搬运和转送过程中，颈部和躯干不能前屈或扭转，而应使脊柱伸直。绝对禁止一个抬肩一个抬腿的搬法，以免导致或加重截瘫。

3）对创伤局部妥善包扎，但对疑颅底骨折和脑脊液漏伤员切忌做填塞，以免引起颅内感染。

4）颌面部受伤人员首先应保持呼吸道畅通，摘除假牙，清除移位的组织碎片、血凝块、口腔分泌物等，同时松解伤员的颈、胸部纽扣。若舌已后坠或伤者口腔内的异物无法清除，可用12号粗针穿刺环甲膜以维持呼吸，并尽快进行气管切开手术。

5）复合伤伤员要使其成平仰卧位，保持呼吸道畅通，并解开其衣领扣。

6）若周围血管受伤，则应将受伤部位以上的动脉压迫至骨骼上。直接在伤口上放置厚敷料，用绷带加压包扎时以不出血和不影响肢体血液循环为宜。当上述方法无效时慎用止血带，如必须使用止血带，原则上应尽量缩短使用时间，一般以不超过1小时为宜，并做好标记，注明上止血带的时间。

7）有条件时迅速给予静脉补液，增加血容量。

8）将伤员快速平稳地送医院救治。

91. 化学品中毒急救措施有哪些？

化学品中毒可分为刺激性气体中毒、窒息性气体中毒和有机溶剂中毒。其中，刺激性气体包括盐酸和硫酸酸雾、硫化氢等，窒息性气体包括一氧化碳、二氧化碳、氮气等，有机溶剂包括芳香烃、醇类、醚类等。

化学品中毒的急救措施如下：

（1）首先要中断毒物继续侵入。救护者戴好防毒面具后，迅速将中毒者撤离现场。如果是气体中毒，要将中毒者撤到上风向，并为其脱去已污染的衣服。

（2）如毒物已污染眼部、皮肤，应立即冲洗。

（3）松开领扣、腰带，使伤者呼吸新鲜空气。

（4）静卧、保暖。

（5）对于口服中毒者，首先判断是否该催吐，如果允许，将手指伸进患者口中按压舌根，施加刺激使其反复呕吐。毒物为酸、碱、汽油、漂白剂、杀虫剂、去污剂等时不要催吐,应尽快送医院救治。

化学中毒常伴有休克、呼吸障碍和心跳骤停等症状,应施行心肺复苏急救,同时针刺人中穴。

(6)在护送病人去医院的途中,应保持伤员呼吸畅通,并将伤员头部偏向一侧,避免咽下呕吐物;取下假牙,并将伤员舌头拉出引向前方,以防窒息。

92. 中暑急救措施有哪些?

人的体温维持在 37 ℃左右为正常,当气温过高时,体内就会大量失水、失盐并积聚大量余热,同时出现机体代谢紊乱现象,称为中暑。

高温车间、露天劳动或直接在烈日阳光下暴晒或在缺乏空调、通风设备的公共场所的人员,很有可能发生中暑。

(1)中暑症状

1)中暑先兆。在高温环境下出现大汗、口渴、无力、头晕、眼花、耳鸣、恶心、胸闷、心悸、注意力不集中、四肢发麻等症状,体温不超过37.5 ℃。

2)轻度中暑。上述症状加重,体温在38 ℃以上,出现面色潮红或苍白、大汗、皮肤显冷、脉搏细弱、心率快、血压下降等呼吸及循环衰竭的症状及体征。

3)重度中暑。体温在39 ℃以上,头疼、不安、嗜睡及昏迷、面色潮红、汗闭、皮肤干热、血压下降、呼吸急促、心率快等。

(2)现场救护

1)迅速把伤员移至阴凉通风处或有空调的房间,使之平卧,解开衣裤,以利呼吸和散热。

2）轻者饮淡盐水或淡茶水，可服用藿香正气水、十滴水、人丹等。

3）体温升高者，用凉水擦洗全身，水的温度要逐步降低。在头部、腋窝、大腿根部可用冷水或冰袋敷之，以加快散热。

4）严重中暑者，经降温处理后，应及时送至医院以便及早获得专业急救和治疗。

93. 食物中毒急救措施有哪些？

很多用人单位为职工集中供应午餐或加班餐，如果食物储存过久、未加工熟或煮熟后放置时间太长，很容易引发集体性食物中毒。

（1）食物中毒的症状

食物中毒者最常见的症状是剧烈的呕吐、腹泻，同时伴有中上腹部疼痛症状。食物中毒者常会因上吐下泻而出现脱水症状，如口干、眼窝下陷、皮肤弹性消失、肢体冰凉、脉搏细弱、血压降低等，甚至可致休克，如手足发凉、面色发青、血压下降等。

（2）食物中毒现场救护

1）发现人员食物中毒时，应尽快催吐。可以用筷子或手指轻碰中毒者的咽壁，促使其呕吐。如毒物太稠，可取食盐20克，加凉开水200毫升，让中毒者喝下，多喝几次即可呕吐；或者用鲜生姜100克捣碎取汁，用200毫升温开水冲服。肉类食品中毒，则可服用十滴水促使呕吐。

2）药物导泻。食物中毒时间超过2小时，精神较好者，则可服用大黄30克，一次煎服；老年体质较好者，可采用番泻叶15克，一次煎服或用开水冲服。